带着恐惧前行

Do it scared

[美] 鲁斯 · 苏库普（Ruth Soukup） 著 谢迟 译

中国青年出版社
CHINA YOUTH PRESS

图书在版编目（CIP）数据

带着恐惧前行：找到克服逆境的勇气，创造你热爱的生活 /（美）鲁斯·苏库普（Ruth Soukup）著；谢迟译. —北京：中国青年出版社，2020.7

书名原文：Do It Scared: Finding the Courage to Face Your Fears, Overcome Adversity, and Create a Life You Love

ISBN 978-7-5153-6075-1

Ⅰ.①带… Ⅱ.①鲁… ②谢… Ⅲ.①恐惧－自我控制－通俗读物 Ⅳ.①B842.6-49

中国版本图书馆CIP数据核字（2020）第104541号

带着恐惧前行：
找到克服逆境的勇气，创造你热爱的生活

作　　者：〔美〕鲁斯·苏库普
译　　者：谢　迟
策划编辑：张祎琳
责任编辑：胡莉萍
美术编辑：张　艳
出　　版：中国青年出版社
发　　行：北京中青文文化传媒有限公司
电　　话：010-65511270 / 65516873
公司网址：www.cyb.com.cn
购书网址：zqwts.tmall.com
印　　刷：大厂回族自治县益利印刷有限公司
版　　次：2020年7月第1版
印　　次：2020年7月第1次印刷
开　　本：880 × 1230　1 / 32
字　　数：171千字
印　　张：8.5
京权图字：01-2019-6719
书　　号：ISBN 978-7-5153-6075-1
定　　价：49.00元

谨此献给鲁斯·苏库普全媒体的

每一位团队成员，

你们如此优秀、无与伦比、充满激情。

这本书同样是你们努力工作的结晶。

本书赞誉

从鲁斯·苏库普的身上，你能同时感受到勇猛、真诚和如沐春风，她是一个真正了不起的人。她自身经历过“带着恐惧前行”的时刻，能够将她的智慧结晶分享给大家。当你读完《带着恐惧前行》这本书，就能拥有解决你最大恐惧的能力。

——哈尔·埃尔罗德（Hal Elrod），

《早起的奇迹》（*The Miracle Morning*）和《奇迹方程式》（*The Miracle Equation*）的作者

鲁斯·苏库普是个真正了不起的人，是我见过的最聪明、最勇敢和最善良的人。《带着恐惧前行》一书充满着真理以及对事物的剖析，如果你想克服阻碍你前进的恐惧，请用这本书为你指路。我敢保证，它会改变你的一生！

——丽莎·伦纳德（Lisa Leonard），

珠宝设计师，《勇敢的爱》（*Brave Love*）的作者

《带着恐惧前行》是唯一一本不与恐惧为敌的书，它将恐惧视为强大有力的资源，能帮助你实现梦想！现在我唯一恐惧的就是，你不去阅读这本书。

——麦克·米夏洛维奇（Mike Michalowicz），

《钟表与利润第一》（*Clockwork and Profit First*）一书的作者

鲁斯·苏库普是这个世界上胆大且勇敢的英雄。她的故事、意志力以及透过真理和可能性看世界的罕见能力，使她成为我见过的最鼓舞人心的人。我们这一代人比以往任何时候都更需要自立的实用方法，而《带着恐惧前行》一书无疑是最合适的伟大作品。

——苏西·穆尔（Susie Moore），自信心教练和作家

人人都爱做梦、爱幻想、爱期盼。然而不久，恐惧就从天而降，于是那些梦想不得不陷入悔恨与无所作为的泥潭之中。读《带着恐惧前行》一书会使你脱离极度恐惧，过上有目标、有意义的生活，无论是身体、情感、精神上，还是人际关系上，都能有所收获。做好从“我希望”过渡到“我做到了”的准备。

——丹·米勒（Dan Miller），

《纽约时报》畅销书《48天找到你热爱的工作》（*48 Days to the Work You Love*）的作者

这本精彩的书就好像一张路线图，能把伟大的想法变成伟大的事。鲁斯·苏库普帮你了解恐惧的真面目，如此一来，你就能勇敢应对，而不是被恐惧吓跑。“带着恐惧前行”不仅仅是一句流行语，还是一个大胆的行动计划，帮你摆脱惯有思路，走向你想去的地方。

——苔丝·马斯特斯（Tess Masters），

《搅拌机女孩》（*The Blender Girl*）和《完美搅拌》（*The Perfect Blend*）的作者

《带着恐惧前行》这本书出现在我面前时，我正处于职业生涯的低谷期，感觉心力憔悴，不知道下一步该怎么走。它给了我无比渴求的鼓励，用方法把我武装起来，使我得以制定计划并重返职场。

——艾琳·奥多姆（Erin Odom），

《不仅仅是制造它》（*More Than Just Making It*）一书的作者，

同时也是humbledhomemaker.com的网站创建者

每一个想要克服恐惧、创造自己热爱的生活的人，都应该阅读《带着恐惧前行》这本书。它不是什么充满噱头、华而不实的自助类书籍。作者对超过四千人进行过调查，并聘请专家团队分析数据，最终写成了这本给人启迪的书，它向我们展示了如何用一种振奋人心而非令人羞愧的方式，克服我们的恐惧。

——布里·麦考伊（Bri Mckoy），

《过来&开吃》（*Come & Eat*）的作者

《带着恐惧前行》这本书一步步解除恐惧被害者们身上的恐惧，让他们发挥上帝赋予的潜能。

——鲍勃·洛蒂奇（Bob Lotich），

《上帝的理财方式》（*Managing Money God's Way*）的作者

只要是曾经说过“这个我永远做不到”的人，就有必要阅读《带着恐惧前行》这本书。它真正使我豁然开朗，我才发现自己是如何让恐惧埋没了自己的潜力。鲁斯·苏库普为我们克服恐惧提供了切实可行的策略，并使我们把握住自己本该拥有的成功。

——贝基·科匹特库（Becky Kopitzke），

《古怪妈妈坚定而慷慨的爱》（*The Cranky Mom Fix and Generous Love*）的作者

我在鲁斯·苏库普分享自己关于设立目标和胸怀大志的智慧时，就开始注意到她了。虽然“带着恐惧前行”刚开始可能只是她的口头禅，但我看到她在《带着恐惧前行》一书中详细介绍了工具和鼓励的细节。我强烈推荐这本手册，没有人能比她做得更好了。

——詹尼·施密特（Jen Schmidt），

演说家，畅销书《只要打开门》（*Just Open the Door*）的作者

鲁斯 · 苏库普明白，克服阻碍我们前进的困难是什么感觉。我极力推荐用这种实用、振奋人心且内省的方式，克服恐惧并过上你梦想的生活！

——鲁斯 · 施文克（Ruth Schwenk），

TheBetterMom.com网站创始人，《按下暂停键》（*Pressing Pause*）的合著人

对厌倦了被恐惧囚禁的人来说，《带着恐惧前行》是一本再好不过的书。如果你准备带着恐惧前行，过上你本应享受的生活，那就必须读这本书。

——麦克 · 克瑟瓦尔和卡丽 · 克瑟瓦尔，

Fulfilling YourVows.com的联合创始人，

畅销书《神圣的对话》（*Consecrated Conversations*）的作者

鲁斯 · 苏库普知道怎么在面对恐惧时，点燃内心的火焰！如果恐惧阻止你追寻梦想，《带着恐惧前行》可以成为你的向导，就像它曾经为我指路一样。

——雷切尔 · 沃乔（Rachel Wojo），

《再往前走一步》（*One More Step*）的作者

阅读关于恐惧原型的内容，让我更好地理解是什么让我止步不前，同时教会我克服恐惧的具体方法，让我充满力量。我非常喜欢这本书。

——乔安 · 克罗恩（Joann Crohn），No Guilt Mom的创始人

我害怕失去平衡，而这会让我屡战屡败。直到我读到《带着恐惧前行》中的这句话："我们不是为保持平衡而生，我们是为理想而生"，我才恍然大悟。鲁斯告诉我们，我们付出努力都应该有个目的。这本书可以帮助你克服恐惧，实现你本该实现的目标。

——凯特 · 哈尔（Kate Ahl），Simple Pin Media的所有者兼CEO

鲁斯 · 苏库普用真实、富有智慧和实际的方法，引导我们创造自己热爱的生活。《带着恐惧前行》为我们提供了工具和技巧，这样我们就能发现自己的恐惧，并找到勇气去克服它。鲁斯曾在恐惧面前不堪一击，但最终却创造了自己热爱的生活，非常催人奋进！

——妮科尔·露儿（Nicole Rule），
greatestworth.com的所有人，鲁斯·苏库普的学员

鲁斯 · 苏库普通过她的七种恐惧原型，帮你找到自身恐惧的表现形式，告诉你如何将恐惧内化为勇气，激励你战胜自己，并分享了将目标分解成易于管理的日常操作步骤，让你每天都进步一点点。

——阿比·劳森（Abby Lawson），
作家，justagirlandherblog.com和abbyorganizes.com的所有人

每一位觉得自己受到牵制而无法充分发挥潜能的女性，都应该阅读《带着恐惧前行》。这本书耐人寻味、内容详尽，一定会让你受益匪浅。

——克丽丝·哈尔顿（Chrissy Halton），OrganiseMyHouse.com的所有者

“带着恐惧前行”是我最近的口头禅。我讨厌任由恐惧摆布，而这本书让我真正认识这些恐惧，进而能够克服它们。鲁斯 · 苏库普通过她自己的个人经历，和她所改变的人生故事，给予了我们强有力的建议和见解。

——赛拉·佩尔（Saira Perl），MomResource.com的创始人

我一辈子都在和我的恐惧作斗争，阅读《带着恐惧前行》打开了我的视野，并赋予我走出困境的力量。鲁斯告诉我们如何制定易于管理的行动计划，以及消灭借口的真正意义，这些宝贵的方法都可以在我们的生活中得到应用。

——凯西·特尔姆（Kasey Trenum），kaseytrenum.com网站创始人

这本书新鲜、真实，强大！《带着恐惧前行》使我们相信，当我们走出我们的舒适区，走出自己的路时，一切便皆有可能。如果你希望背后有人推你一把，那么这本书绝对值得一读。

——艾比·里克（Abby Rike），

abbyrike.com网站创始人，《解决问题》（*Working It Out*）的作者

《带着恐惧前行》对我进行了一次个人诊疗，不仅让我获得了自我意识的觉醒，还让我赢得了一场冠军赛。这本书让我真正理解恐惧，教会我走出恐惧的实际步骤，并让恐惧成为我的动力。现在我知道如何利用勇气战胜恐惧，这种感觉无比自由。

——泰·麦克尼利（Tai Mcneely），His and Her Money的联合创始人

《带着恐惧前行》这本书令人耳目一新，它以独到的内容，从一个全新的积极视角，帮助我窥见自己的优势及不足，使我跨越一个个障碍，最终实现自己的雄心壮志。

——詹妮弗·罗斯坎普（Jennifer Roskamp），The Intentional Mom的创始人

对于那些想要勇敢生活却无从下手的女性而言，《带着恐惧前行》是她们最好的礼物。鲁斯对她的理论身体力行，所以她的建议不但具有难以置信的启发意义，还有很强的可操作性。她是每位女性生命中都需要的励志导师。

——塔莎·艾格鲁（Tasha Agruso），Kaleidoscope Living的创始人兼CEO

阻止你成为你自己的首要因素是什么呢？是恐惧。《带着恐惧前行》是你的领路人，带着你永远直面恐惧。让我们带着恐惧，勇往直前。

——克莱尔·迪亚兹-奥尔蒂斯（Claire Diaz-Ortiz），

作家兼演说家，ClaireDiazOrtiz.com网站创始人

《带着恐惧前行》是每一位女性都值得阅读的书。不仅因为这本书能帮你挖掘出恐惧的根源，还因为鲁斯在书中完美结合了同理心、严厉的爱和鼓励。我向我所有的朋友都推荐了这本书。

——塔妮娅·泰勒·格里菲斯（Tania Taylor Griffis），

www.runtoradiance.com的文字撰写人

我想世上没有任何事比向前迈进、直面恐惧，然后做我们最害怕的事来得更重要的了。鲁斯·苏库普对阻碍我们前进的因素给出了精辟的见解。更重要的是，她告诉我们如何面对挑战、"带着恐惧前行"。如果你希望活出最好的自己，真正发挥自己的潜能，我强烈推荐你阅读她的这本书！

——迈克尔·桑德勒（Michael Sandler），

Inspire Nation Show（www.InspireNationShow.com）的主办人

《带着恐惧前行》帮你扔掉你所有愚蠢的借口，让你带着恐惧前行，这样你才能真正过上你想要的生活。每位女性都需要鲁斯·苏库普的支持与帮助。

——格里·辛丁（Gry Sinding），企业家、商业培训师、策略师和励志演讲者

《带着恐惧前行》使我接受了自己拖延的性格，并将它转变成我的优势，我已经发现自己的工作和个人生活因此得到了改善。

——詹妮弗·德斯特勒（Jennifer Dursteler），

助理医师，亚利桑那州固特异Deja Vu Med水疗中心老板

我真希望自己十年前就读了《带着恐惧前行》，这样我就能更早实现自己的目标。这本书适合你不时翻阅，读完后你一定会迫不及待想要尝试。

——劳拉·史密斯（Laura Smith），I Heart Planners的创始人

我们每个人都有自己的烦恼，鲁斯·苏库普的胆识向我们证明，接受自己的故事并将之分享给大家，会产生无法想象的力量。她提醒我们，即使我们害怕，即使我们不是专家，即使我们感到内心很受伤，我们也有能力且值得拥有一个丰富的生活，值得被其他人爱。

——凯西·海勒（Cathy Heller），

歌曲作者，“*Don't Keep Your Day Job*”的播客播主

我很佩服鲁斯·苏库普能够如此准确地点出我们的不安全感、恐惧和限制性观念，并对它们做深度剖析，提供计划让我们克服这些阻碍。每个人每年至少应该阅读一次这本书，让自己更深刻地认识自己，明白如果带着恐惧前行自己能做到什么。

——金·安德森（Kim Anderson），

博客博主，《生活、储蓄、消费、重复》（*Live, Save, Spend, Repeat*）的作者

作为一名被排斥者，在鲁斯·苏库普这本令人惊叹的书中，我可以找到许多与自己相似的共同点。我推荐每个人都鼓起勇气离开舒适区，所有奇迹紧接着就会发生！这本书有丰富的可执行技巧，帮你渡过难关。

——艾比·沃克（Abby Walker），

Vivian Lou的CEO，《绑成一对》（*Strap on a Pair*）的作者

鲁斯·苏库普面对恐惧并“带着恐惧前行”的故事，激励我也做了相同的尝试。人生稍纵即逝，这本书适合每一个追求美好生活的人，帮助他们克服恐惧，实现自己意想不到的目标。

——雷切尔·霍兰德（Rachel Holland），

网站SurvivingTheStores.com和HowToHomeschoolForFree.com的博客博主，

TheOILnation.com的香精油教师

目录

前 言

无形的锁链

恐惧是个有趣的玩意儿。

它是人类最基本的本能，保护我们远离所有外界可能对我们造成的伤害，并使我们在面对即将发生的威胁时保持警觉。恐惧情绪是为了拯救我们而存在的，而且有意思的是，如果在危难面前丧失恐惧，反而是精神疾病的一种信号，因为我们理应产生恐惧。

然而，恐惧也会变成一条无形的锁链，把我们捆绑起来，使我们动弹不得。它不但不会保护我们，反而会麻痹我们，阻碍我们前行，阻碍我们冒险或向外开拓，阻碍我们鼓起勇气追寻梦想、创造我们热爱的生活。

恐惧这种最初最原始的本能，在保护我们的同时，也拖住了我们的脚步。

而且，它会永远跟随你！相信我，因为我知道。

回想起来，从我记事起，恐惧就成为我生命中真实而鲜活的一部分。我有恐高症，害怕被人笑话。面对人多的场合，我会感到紧张，闲聊有时也会令我感到不自在。我常常担心别人不喜欢我、讨厌我，或者觉得我格格不入，是在浪费他们的时间。我不愿向外人展示自己，也不愿让人看到自己脆弱的一面。我害怕失败，害怕犯错，担心别人说东道西。也就是在不久前，光是想到自己要站在众人面前发言，就足以让我浑身颤抖。

所有这些恐惧，全都挡在我前进的道路上，就像它对待许多其他人一样。

温迪一直以来都想拥有属于自己的面包店和咖啡馆，然而实现这个梦想似乎过于艰难。事实上，她太害怕自己可能会搞砸，以至于拒绝了一位慷慨的投资者的慷慨赞助，而这一赞助将为她提供启动所需的资金和培训。

凯拉是一名才华横溢的舞蹈演员，她花了数年时间学习芭蕾舞，但由于害怕遭到拒绝，她放弃了专业舞蹈公司的试镜，尽管这一直都是她的目标。几年后，她仍然觉得自己错过了充分发挥自己潜能的机会。

特里娜不想再从事法律工作了。多年来，她一直想离开父亲的律师事务所，发展自己的事业，但她害怕让父亲失望。继承家业的责任感令她喘不过气来，而无法做自己想做的事也让她郁郁寡欢。

南希想去旅行。她梦想着有一天能毫无顾忌，开着自己的轿车周游美国55个州和加拿大，甚至到更远的地方去冒险。但对于一位年过花甲的老人来说，一个人出远门似乎充满风险，而且她也深刻怀疑自己是否具有这份勇气。

丽芙是一名科学家，她工作的很大一部分时间都在写期刊论文，但在自己的论文完善之前，她常常羞于向他人展示。她总是担心自己看起来没有能力，害怕别人认为她不称职。她心里清楚这么思考并不理智，但恐惧时刻伴随在她左右。

每一天，相同的故事在以成千上万种不同形式不断上演。

梦想有多大，恐惧就会更大，接踵而至的则是巨大的遗憾。

但故事不一定非要这样进行。

几年前，我做了一个决定，而这个决定改变了一切。

我决定不再任凭恐惧阻挡我前进。

我意识到，恐惧没什么大不了——人总会有恐惧的时候，但是被恐惧控制，迫使我无法去做我内心真正想做的事情，那就不太好了。我意识到，我需要找出一个方法来把我的恐惧变成机遇。

所以我决定，从此以后，我要带着恐惧前行。

“带着恐惧前行”这句话变成了我的座右铭，每当我情绪紧张或恐惧的时候，每当我走出舒适区去冒险或缺乏自信的时候，都会对自己重复这句话。我必须坦诚，当时我几乎一直在对自己说这句话。

当我成为一名企业家，“带着恐惧前行”这句座右铭就成为公司的第一个根本核心价值观，后来它还成为我们的连锁品牌Living Well

Spending Less®和精英博客学院（Elite Blog Academy，EBA）社区伙伴们的口号，这句话的影响力还不止于此，它甚至激发我开始尝试用播客Do It Scared with Ruth Soukup来帮助有需要的朋友和我自己共同面对我们的恐惧，克服阻碍，以及最重要的——创造我们热爱的人生。

或许你会说我因为这句话有点着魔了。

其实这本书的诞生正是源于这句话。

恐惧原型

过去9年间，我一直在寻找对抗恐惧的正确方式，并和社区伙伴们进行交流。在这个过程中我才开始意识到，恐惧对我们的生活（尤其是对于我们女性来说）究竟产生了多大的影响。

社区中的许多人都告诉我，他们感到束手无策，只好对自己的人生袖手旁观，不敢全力以赴地生活，总是担心犯错，让周围人失望，害怕失败，或者被人嘲笑。这些诉说令人震惊。他们知道自己想做的事，却迟迟没有推进，仅仅是因为内心过于恐惧。

但当我和越来越多的女士谈论这个话题后，我逐渐意识到，并非所有的恐惧都生来平等。哦，你可别误解我，我们或多或少会害怕某些事物。我们都有恐惧心理，都在某种程度上受到恐惧心理的影响，但恐惧在我们生活中的表现方式却大相径庭。有些人害怕失败，而另外一些人害怕遭到拒绝；有些人害怕承担责任，而另外一些人不管什么事，只要一想到可能会搞砸，就变得瘫软无力。

我决定要更深入地了解事情的真相，去做未曾尝试的事！我调查了我们社区中的4000多人，了解恐惧对他们的生活产生的影响，然后聘请了一个研究团队，帮我分析获得的海量数据。其中，我尤其感兴趣的是，恐惧是如何牵制我们追逐梦想、实现目标和追寻机遇的。

这项调查询问了有关目标与生活满意度的问题，同时包括个人面对恐惧与逆境的经历。其中有恐惧阻止人们实现目标或梦想的情况，也有个人克服恐惧完成任务的情况。我们的调查范围非常广泛，没有局限。人们与我们分享的故事千差万别，有些经历鼓舞人心，有些则令人心碎。在本书中，这些故事中的大多数都将以调查问卷的形式呈现给读者，抑或稍加修改，成为案例和原型角色。

这些调查结果从很多方面来看，都具有令人难以置信的意义，但有一项发现尤其突出。实际上，当它出现的那一刻，几乎让我屏住了呼吸。更重要的是，它让那些令人困惑和无法回答的问题，都一一得到了解释。这个“顿悟时刻”就是发现七种恐惧模式，也就是恐惧在我们生活中的七种不同的表现方式，特别是恐惧影响我们迈出舒适区追寻梦想与机会的方式。因为我喜欢给事物取名（这是一种瘾，我的团队很愿意帮我证明这点），所以把这七种模式命名为“恐惧原型”，其中包括拖延者、循规蹈矩者、讨好者、被排斥者、自我怀疑者、爱找借口者和悲观主义者。

这就是恐惧原型真正迷人的地方。因为你看，虽然我们每个人都具有七个原型中的一些特质，但我们中的大部分人只受其中一种原型主导，它对我们的影响也超越其他原型，并以更为明显的方式体现在我们的生活中。就像恐惧本身一样，每个原型也有利有弊，其特性能帮助或者妨碍我们。

既然每个人经历的恐惧各有不同，那么相对的，应对恐惧的方式也因人而异。因此，了解我们的恐惧是如何表达的（即了解我们的恐惧原型），对于克服恐惧至关重要。

Do It Scared恐惧原型评估

了解恐惧阻碍你的独特形式，是克服恐惧的关键第一步。尽管如此，要想在自身上辨认出这些具体特质，并不是一件易事。为了协助你完成这一步骤，我和我的团队创建了一个线上的恐惧评估系统，能帮你识别你的恐惧原型，你可以访问如下网址：doitscared.com/assessment。该评估需要你花上15分钟左右完成，评估完成后，能立即告诉你，哪种是主导你的恐惧原型。

Do It Scared恐惧原型评估帮你找出让你陷入困境的恐惧原型后，还有以下几个要点需要你牢记。

首先，恐惧原型没有好坏之分。原型只是恐惧在我们生活中的表达方式，所有的七种原型的确都有个听起来比较消极的名字，但它们都有正负两面性。

其次，基于当前的生活环境与自身所处的人生阶段，你的恐惧原型会发生改变，不过它也会受到深层因素的极大影响，比如童年经历或创伤。

最后，百分比得分越高的原型，就越有可能是影响你生活的那个恐惧原型。不过，你的评估结果也很有可能是，所有的七种原型都处于低到中等的范围，这种情形表示恐惧或许对你的影响不大；同样的，你也可能在好几个类别中都得分很高。

如何使用本书

这是一本实用工具书、一本指南，帮助你面对恐惧、克服逆境，最重要的是，帮你创造你热爱的生活。通过提供适当激励、实际应用，以及严厉的爱，激发你重新思考，突破那些阻碍你的思维局限，鼓励你迈出脚步，做出必要的改变。

我们的探险之旅从第一部分——理解恐惧的七种不同表现形式——开始，包括辨认和学习你自身所属的恐惧原型，以及恐惧驱使你退缩的方式，同时明白恐惧如何以其他形式表现在他人身上。在这里，你会找到需要重点关注的地方，加快你的成长进度。这一部分内容很有趣，因为你可以在一些原型人物身上，发现与自己或周围人相似的部分。有一点请铭记于心，无论你属于哪种原型，都需要采取一些行动才能往前进，并最终解决问题。

第二部分中，我们将探索“勇气法则”——七个核心信念，一旦将它化为己用，就能彻底改变思维模式，勇于挑战先前想都不敢想的事物。

最后，在第三部分“行动中的勇气”里，我们会为你提供一些实用工具，让你能实实在在将改变付诸行动。

希望《带着恐惧前行》这本书给读者带去轻松、愉快的阅读体验，我相信你一定不急于狼吞虎咽书中的内容，甚至可能会对某些章节一读再读。阅读本书时，请你带上手边的荧光笔、钢笔和笔记本，因为我保证你一定会需要做一些笔记。为了能更深入研究，克服你生活中的恐惧心理，请务必参考我们网址doitscared.com上的相关资源和图表。这些内容，以真实有效的方式，帮助你将书中所学的内容应用到生活实践当中。同样，播客Do It Scared with Ruth Soukup也能帮你巩固你在书中学到的内容，每周你还可以获得更多灵感与鼓励。

从这里开始，面对你的恐惧心理，克服逆境，然后创造你热爱的生活。

从这里开始，带着恐惧前行。

第一部分

恐惧原型

当面对迫使我们退缩，或阻碍我们实现目标和梦想的障碍时，我们需要明白，不是所有的恐惧都生来平等，它们的表现形式也并非一成不变。七种恐惧原型代表了恐惧在我们生活中表现出来的独特方式。

好消息是，一旦我们辨认出哪种恐惧正对我们的生活造成负面影响，妨碍我们前进，或者让我们陷入困境，我们就可以不再坐以待毙。

当然，你可以选择先做Do It Scared恐惧原型评估，找到使你陷入困境的最大恐惧，这会让你对自己的内心有个直观印象。好了，让我们出发吧！在doitscared.com/assessment上发现你自己的恐惧原型。

第 1 章

拖延者

最害怕犯错

完美主义并不如想象的那样追求完美，它只是用拖延的方式掩饰内心对失败的恐惧。

——丹·米勒（Dan Miller）
《48天找到你热爱的工作》（*48 Days to the Work You Love*）

爱丽丝总喜欢把所有的事物都安排妥当。

她十分在意自己的穿着打扮，总是精心打理头发，对自己住处的装饰也极为考究。凡事恰到好处，对她而言非常重要，虽然她无法解释清楚什么才算“好”。事实上，她有时会在一些无关紧要的事上磨蹭好几个小时——更换上衣、鞋子或者首饰，把花瓶或相框从房间的这头挪到那头——只为了把它们摆放到位。

将事物安排妥当，是爱丽丝的生活主题，具有重大意义。然而真相是，害怕犯错的恐惧时刻萦绕在她的心头，有时过于强烈，甚至让她不敢迈出第一步。为了缓解这份恐惧，她总是提前开始一项任务，给自己尽可能多的时间，因为她知道，她也许会磨蹭到最后一秒钟，确认是否一切都恰到好处。

当她还是学生的时候，她经常早早地开始做学校功课，有时甚至在老师布置作业前就开始动笔了。尽管如此，她还是要等到最后一刻才能完成任务，有时不得不通宵开夜车，检查再检查，反反复复直到确认一切都很完美。但假如遇到令她非常头大的任务，她绝对会无限期拖延。

最近，爱丽丝开始在一家急速扩张的新兴咖啡企业做平面设计师。她热爱这份工作（和咖啡），但也感觉到压力重重。因为这家公司发展迅速，事物瞬息万变，而且让人感觉几乎所有派下来的项目都必须立即完成，不容爱丽丝有丝毫喘息的机会。她的上司搞不明白，为什么爱丽丝总要反复调整她的设计直到深更半夜，仅仅为了准时交稿。缺觉、不停地修改，以及追求完美而施加在自己身上的巨大压力，令爱丽丝筋疲力尽。

变化给爱丽丝带来了极度的不适，她喜欢循规蹈矩，并且坚持做她很了解的事情。她的朋友和丈夫经常笑话她过于死板，但爱丽丝却认为那是对事物的执着，不过，这份执着有时也会拖她的后腿。一旦离开舒适区，她就会感到焦虑不安，即使她的内心渴望挣脱束缚。前阵子，教会邀请她参加前往肯尼亚的宣教旅行，她因为恐惧而拒绝了："那儿离这里太远了。"她说，"而且有太多我不知道的东西！"

因为工作压力太大，爱丽丝想过离开公司，做一名自由设计师。在家办公、自己管理时间，这些看起来非常诱人，但一想到要自己开公司单干，她又开始担心犯错了。实际上，害怕失败的恐惧，让她根本无法开始第一步，有时她会感到心力憔悴。

爱丽丝对自己有很高的期望，对她周围的人亦是如此。当她与丈夫发生争吵时，丈夫会指责她过于完美主义。爱丽丝搞不懂，为什么完美主义成了一件坏事。想要一切都完美有什么错？在她的心目中，如果事情没法做到完美，还不如不做。

爱丽丝是一名拖延者。

拖延者原型

拖延者也被称为完美主义者，他们的内心主要与害怕犯错作斗争，常见的表现形式为害怕立下承诺，或者害怕开始一件事。因为害怕会有错误的举动，拖延者会寻找——且经常能找到——任何可能的合理理由，解释自己为何不采取行动或不做出尝试。

具有讽刺意味的是，从表面上看，拖延者往往表现出与拖延相反的行为，比如早早就开始做计划，或者提前开始工作。有一点我们需要明确，对于拖延者而言，拖延并不一定是传统意义上的把所有事情拖到最后一分钟去做。相反，拖延者希望通过给自己增加尽可能多的时间，来避免在任务中犯错。

一般来说，一旦面对紧要关头，拖延者会害怕采取行动，并且常常因自己的优柔寡断而手足无措，尤其在需要当机立断的时刻。拖延者乐于花大量时间做研究、计划，或者保持条理性。不可否认，如此充沛的准备，的确具有有利的一面，但假如这些研究、计划、保持条理性喧宾夺主，取代了真正的行动，那么它们也会成为我们的障碍。

在内心深处，拖延者惧怕把事情搞砸，或者犯下弥天大罪，特别是无法弥补的错误，而这份强烈的恐惧，会阻碍他们争取自己的目标与梦想。他们总是需要外部刺激或最后期限，鞭策他们前进；如果听任他们自行其是，事情很可能会被无限期推迟。

据我们的调查，拖延者属于最普遍的恐惧原型，有41%的受访者表示这是他们最主要的恐惧原型，有74%的受访者，排名前三的恐惧原型中包含拖延者。

积极特征

拖延者对完美的追求，为卓越的成就提供了助力。他们重视品质，并对自己高标准严要求，因此通常能在工作上获得高质量的结果。拖延者能胜任对细节要求极致的任务，或者需要精心准备的工作。此外，拖延者对调查与准备的深思熟虑，能减少错误，取得更好的成果。

拖延者更喜欢秩序与条理，往往擅长创建体系。他们很专注，有动力，勤奋刻苦，具有很高的职业素养。他们以任务和结果为导向。拖延者喜好且擅长的职业，大多需要对细节的极度关注，例如科学研究、工程设计、写作与编辑、室内设计、平面设计、教育，以及管理。

习惯和行为

- 喜欢提前计划，以便留出尽可能多的时间。
- 通常提前数月甚至数年计划休假或重大项目。
- 倾向于注重细节。
- 推迟或避免他们觉得无法胜任的事情。
- 自然而然被秩序和条理性吸引。
- 经常再三检查，以确保所有事物都安排得当。
- 从不觉得事情已经“准备好了”。
- 喜欢研究，总感觉还有学不完的东西。

一目了然

拖延者

- ⊖ 是完美主义者，希望凡事都恰到“好”处。
- ⊖ 惧怕犯错，迟迟不愿“行动起来”。
- ⊖ 会花大量时间做研究和规划。
- ⊕ 通常会创造出高质量的作品。
- ⊕ 往往具有条理性。
- ⊕ 极其重视细节。

- 有时对自己的要求近乎严苛。
- 一旦犯错，会感到沮丧或极度不安。
- 按照日程表行动，对最后期限很敏感。

拖延者的心声

在我们的调查中最具价值的部分，是人们对恐惧的描述。每种原型都有自己的心声，并用其专属的方式来表达恐惧的模样，以及恐惧带来的感受。下列引用的陈述和想法，来自调查对象中拖延者得分很高的受访者。

- “我为自己无法达到完美而感到局促不安，甚至于无法展开工作。”
- “我一直担心自己得到的正确信息不全面，不足以支持我继续前进。”
- “我讨厌未知的状态给我带来的不自在感，变化令我感到紧张，当尝试做一件新的事情时，害怕失败的恐惧时刻伴随着我。”
- “我害怕失败。我不知道当我的‘远大目标’无法执行，我要怎么去处理，而这也令我无法迈出第一步。我不想因自己的失败，让丈夫和儿子失望，我也不想让别人看到我的失败，看不到我每天在工作中取得的成就。”
- “我害怕挫折，有时也害怕成功。总体而言，我想我是惧怕改变，所以内在的我要我退缩，因为我一直暗示自己，目前的状态才是‘安全的’。”

- “我怕有一天我会一蹶不振，为了避免遇到挫折，我不敢尝试。来到一个全新的环境，会让我浑身不自在。”

这种恐惧原型是如何阻止你前进的

虽然拖延者对于细节的关注，以及对完美的极致追求，值得我们交口称赞，但过度惧怕犯错或害怕担负重要责任，会抹杀他们探险的意愿，使他们放弃尝试新鲜事物，或担当一项具有风险的大事业。

作为一名拖延者，下列的一些行为可能会对你产生负面影响，阻挠你前进。

- 你总是希望未雨绸缪，早早开始计划将来，却忽视了利用眼前的大好机会。
- 你说“不”的次数过于频繁。
- 一想到要犯错，你就会变得手足无措——这种感觉过于强烈，以至于你都不敢跨出第一步。
- 你从未觉得自己已经胸有成竹，所以你也做不到这一点。
- 你在研究、计划和安排上花了太多时间，从来没有真正开始一件事情。
- 你很难给出一个完成任务的最后期限。
- 你拼命想要达到自己的高预期，很少能在工作中感到完全满意。

- 要完成一项重要任务对你而言很费劲，因为你总是觉得还有一些地方需要调整或改进。
- 你的内心常常阻止你放松自己，或给你去冒险和犯错的自由。
- 当你没有足够的时间调查或计划，你会感到焦虑与恐慌。

克服这种恐惧的策略

如果你是一名拖延者，使用下面的策略可以帮助你克服对犯错的恐惧：

● 重塑观念

把生活看作一系列课程，而不是对与错，这样思考会使你开始体验生活，不再一味追求完美。对拖延者而言，犯错或失策带来的恐惧会令人窒息，阻止他们采取任何行动。有一点可以肯定，如果不采取行动，你将永远无法实现那些你在脑海中勾画的宏伟目标与梦想，这就是为什么重塑你对犯错、所有的不完美和出错的事物的观念，变得如此重要了。

● 采取行动

现在你就可以做一个简单且高效的改变，那就是在你的日历上，多标记一些更为紧迫的最后期限，且如果你无法在该规定期限完成任务，需要承担一定后果。这个后果可以是对自己的惩罚，当然你也可以寻求援兵来帮你谋划——比如请你的伴侣或一位信得过的朋友，甚至你的上司也行，让他们给你定一个期限，并决定惩罚的内容。记住一条定律，你制定的最后期限越“可行”，你就越能遵守。

作为一名拖延者，你的天性会驱使你在最后期限前安排充足的时间。有时这意味着你会提前很长时间就开始计划，有时则意味着你会一直拖到最后一刻。无论哪一种情况，都表示你最最需要的就是一条终点线！

刻意做一些不完美的事——每天做一件事只是为了完成它，而不是因为它需要做“好”。举例来说，你可以试着将一项工作任务以草稿的形式提交，而不是做成最终产品，在这个过程中体会自己内心的感受。说到底，行动是消除恐惧的唯一解药，所以说，你采取的行动越多——即使是朝着正确方向迈出一小步——将来你越可能跨出一大步或做出更大的改变。

建立责任关系

所谓责任伙伴，是一位支持你、鼓励你，并监督你遵守诺言的人（我们将在第11章和第18章中详细讨论如何与责任伙伴共同进步）。对拖延者来说，最主要的是寻找一位不是拖延者原型的责任伙伴。只有那些与你有着不同长处和不同恐惧原型的人，才能提供你需要的另一个视角。找一些即使面对不完美的局面，也鼓励你采取行动向前进的人，以及当你正在拖延或害怕承诺的时候，过来阻止你的人。

超越完美

爱丽丝认为自己可能一辈子都会是那种希望凡事恰到“好”处的人，但她也开始积极改变，采取措施克服对失败和犯错的恐惧，让自己脱离困境。

她在书桌上贴上一张字条，上面写道：“人生没有对错，只有经验。”她还不敢肯定自己是否相信这句话，但乐意把这个提示放在重要位置。在过去的几周里，她确实发现，她在提交新项目前感受到的焦虑与恐慌，与从前相比大大减少了。

爱丽丝如今会为完成某些任务设定时间，除此之外她还为每个大项目设定严格的最后期限，这迫使她停止了无休止的调整，她自己也意识到，这样做出来的成果可能更好。她的上司并未感觉到质量上有任何不同，而这些变化也让爱丽丝摆脱了不少压力。

虽然爱丽丝开始更喜欢自己的工作了，但随着从害怕失败中解脱，她重新认真考虑起辞职单干，做一名自由职业者。爱丽丝加入独立平面设计师的脸书小组，给自己鼓励和支持。脸书的小伙伴与她建立了深厚的友谊，同时解答了她心中对于自由职业的诸多疑问。一些设计师鼓励她问问上司，在她创业期间，能否考虑暂时雇她做兼职，她采纳了他们的建议，询问了上司。你猜结果是什么？她的上司同意了！

爱丽丝从未意识到，对完美的追求如此深刻地影响着她的生活，现在她恍然大悟，终于明白害怕犯错曾在方方面面阻止着她前进。更重要的是，她惊喜地发现，如今的她拥有着以前没有的快乐和满足感，并能积极行动来克服恐惧，虽然这么做难免会犯错。

带着恐惧前行

如需更多关于处理拖延和完美主义的提示，请务必阅读第8、12、17和21章的相关内容。

第 2 章

循规蹈矩者

最害怕与众不同

像专业人士一样学习规则，这样你就可以像艺术家一样打破规则。

——引自巴勃罗 · 毕加索

特雷西总是喜欢直来直去。

当她还是个孩子的时候，她就很有责任感，值得信赖；她循规蹈矩，从未向老师发出过不一样的声音。她做事很努力，安分守己，遵守所有的规章条例——并且分毫不差。在很小的时候，她就认定自己要从事执法工作。

结束4年的服役生涯后，特雷西在离她成长之地仅20英里的一座城市里当了一名警察。总体而言，她热爱自己的这份工作。法律清晰不含糊，她明确知道自己要做的事，打心底里喜欢这种感觉。她把自己的时间投入到工作，一切按规则办事，一步步升职，就像她所期待的那样。

在业余时间里，特雷西会做社区志愿者，教会里也能看到她积极的身影。她和她先生在郊区买了一些田地，当他们的三个孩子相继出生后，他们开始在那里自己种植蔬菜，并将此作为家庭项目。园艺很快就令特雷西着了迷，她乐于看到自己付出的努力越多——提供给植物的水分与养料越精准——结果越令人满意。

她喜欢做罐头食品、腌泡菜。自制辣番茄酱、辣味泡菜一做好，她立即会分享给她的朋友和家人，大家都很喜欢。

生活对特雷西来说，是平稳且可预测的，如她所设想的一样。

就在一切看起来太平祥和之时，她出事了。

很不幸，特雷西不是在工作中受伤，毕竟如果是工伤，她至少能提早退休并享受伤残补助。事实上她是因为一件很愚蠢的事而受伤，真的。在帮助一位朋友搬家时，她在台阶上滑了一跤，膝盖上的韧带和一些软骨被当场撕裂了。

受伤后，特雷西从原来的执法岗位临时分配到办公室工作，当她的膝盖宣告无法修复后，这份临时工作成了她的永久岗位，调职意味着降级和大幅减薪。

对特雷西而言，生活突然变得不像从前那样稳定和可预测了。

离能领取养老金还有3年时间，特雷西知道在此之前必须找其他方法补贴家用，于是她开始在当地农贸市场贩卖自制的风味佐料和辣番茄酱。特雷西擅长研究新鲜的风味组合，并应用到自己的产品当中。她的产品美味可口、广受欢迎，很快就在当地积累了大量粉丝。

现在，她的一些最忠实的消费者鼓励她将这笔小生意做大——为她的产品创立一个品牌，甚至考虑将来在网上销售。尽管特雷西想多挣一些钱，但她也很犹豫是否要继续向前。她明白销售商品涉及不计其数的规章制度，但不确定自己是否能满足所有这些要求。在农贸市场贩卖是一回事，毕竟法律在这方面相对宽松，但做成事业在网上销售，甚至卖到海外就完全是另一回事了，似乎完全超出她的能力范围。她要从哪里搞到所有需要的资料？如果她漏了什么该怎么办？一想到自己可能会因此触犯法律或惹上麻烦，她就惶恐不安。

根本没有办法，她只感到无能为力。

特雷西是一名循规蹈矩者。

循规蹈矩者原型

典型的循规蹈矩者，常常坚持按照他们“应该”的方式做事，他们的内心过分恐惧权威，这种恐惧通常是对打破规则或做“不被允许”的事表现出超乎寻常的厌恶。只要有可能惹上麻烦——即使可能受到的“惩罚”是想象出来的——就足以令循规蹈矩者望而却步，不再前进。

循规蹈矩者认为这个世界非黑即白，只要他们觉得自己或其他人的行为超出可接受范围，就会感到焦虑不已。他们总是热心于确保别人做出正确的决定，因此有时会被认为多管闲事。

打心底里，循规蹈矩者深信事物如果不按规则执行，混乱必然会接踵而至。他们的思维模式认定生命中的许多事生来便是如此，不该被质疑或被改变。当循规蹈矩者被证明是正确的，或她做出的决策得到证实，他们会感到充满活力。

循规蹈矩者常常甘愿放弃自己做出的最佳判断，转而遵守规则，因为他们对不守常规的过度恐惧压倒了一切。这种恐惧也会阻止他们行动起来追逐梦想。他们常常不敢相信自己的直觉，如果遇到有疑问或复杂的情况，他们会停滞不前。

循规蹈矩者往往墨守成规，偶尔也会显得有些固执。他们乐于学习做事的“正确”方式，遵守既有的规则令他们感到轻松舒适。一旦需要跳出思维的框框，或是开辟自己的道路，他们就会感到不自在，有时也会对离经叛道的异类评头论足。

循规蹈矩者属于第二种普遍的恐惧原型，14%的受访者表示这是他们最主要的恐惧原型，有64%的受访者，排名前三的恐惧原型中包含循规蹈矩者。

积极特征

循规蹈矩者富有责任心，值得信赖，是忠实可靠的朋友和雇员。他们往往非常勤奋刻苦，仔细周到，做事沉稳，且为人着想，人们愿意把事情托付给他们。

循规蹈矩者有明确的是非观念，具备高超的洞察力和很强的道德观念，这种对他人和群体的普遍责任感，常见于志愿者工作或公共服务中。

循规蹈矩者也倾向于对细节一丝不苟，巨细靡遗，总是能做到仔细而全面。他们会花时间逐字阅读合同细则，确保自己已尽了应尽的责任。因为喜欢了解做事规则，所以循规蹈矩者通常会自然而然被吸引到有清晰的指导方针和明确的规章制度的工作当中，例如执法、工程、数学、计算机编程、公共事业、法律和医疗。

一目了然

循规蹈矩者

- ⊖ 总是对权力过度恐惧。
- ⊖ 如果打破常规或没按照“应该的”方式做事，就会感到紧张。
- ⊖ 会为了遵守规则或维持现状，违背自己的判断。
- ⊕ 往往非常值得信赖，富有责任感。
- ⊕ 忠诚，体贴，考虑周到。
- ⊕ 拥有很强的责任感和是非观念。

习惯和行为

- 喜欢以“正确”的顺序，按照“正确”的方式做事。
- 希望有一个既定的计划或协议去执行。
- 关心其他人是否做出正确的决定。

- 往往认为事物非黑即白。
- 拒绝与众不同，担心惹“麻烦”。
- 经常按习惯行事，喜欢秩序和常规。
- 努力工作以维持生活的稳定和可预测性。
- 喜欢做正确的事。
- 避免杂乱无章和不确定性。

循规蹈矩者的心声

在我们研究恐惧的过程中，有一些来自调查对象中循规蹈矩者得分很高的受访者的思想和信念。

- “我最害怕未知或陌生的领域，因为我担心没有办法为自己指明道路。”
- “我希望有人能明确告诉我该怎么做，或者给我一个计划去执行。只要这个计划可行，我就会严格照做。”
- “如果其他人不遵照规则或不按正确方式做事，我会感到心烦意乱。”
- “我总是要确保自己知道需要知道的一切，并且遵守需要遵守的规章条例。”
- “成年后，我一直在征求别人许可，我一直担心自己想做的事可能不被允许。”

- “我努力想知道该做什么，并以‘正确’的方式做而不犯错。”
- “我真心不喜欢出错的感觉。”
- “我最怕确认自己是否在做‘正确’的决定。我常常在想，如果我选择了这个，会不会因为没有选择另一个而错失什么。”

这种恐惧原型是如何阻止你前进的

不可否认，循规蹈矩者确实具有许多积极和令人钦佩的品质，但在尝试新事物或设定和实现目标时，他们对打破常规的过分恐惧，以及害怕犯错、惹麻烦，会成为前进的巨大阻碍。事实上，循规蹈矩者经常会在还没尝试前就否定一些选项，仅仅因为它看起来无法通过“正确”的方式完成。

如果你符合循规蹈矩者原型，下面的一些方式可能会对你产生不利影响，并阻止你前行：

- 虽然你有时会梦想做一些新的尝试，但你通常会避免冒险，比如换工作、创业、搬到另一座城市，或重返校园。
- 你可能易受同龄人压力的影响，或接受一个流行的看法，只是因为你处于这个环境，而非出于自己的考虑。
- 你可能很难放松自己，让自己拥抱自由，尝试新鲜事物或试错。
- 你或许不太愿意与离经叛道的人，或那些在生活上缺乏判断力的人，建立良好的友谊。你凡事非黑即白的认定，会使你显得固执且记仇。

- 你对权力的过度恐惧，会促使你默许有权势的人的要求，而不是表明立场或运用自己的判断。
- 一旦没有具体的行动路线或行动计划，你会感到焦虑和恐慌。
- 你所属的性别、种族、信仰、社会地位或教育水平会固化你的思维观念，左右你对自我能力的评价。

克服这种恐惧的策略

下面的一些策略，能帮助你摆脱对打破常规的恐惧：

● 重塑观念

请你自己制定规则似乎并不容易，尤其在你更习惯于遵守他人立下的规则时。即使如此，依然希望你花些时间制定和采用自己的一套原则——你想在自己的生活中遵循的核心价值观——这样能减轻因遵守他人的规定而背负的持续压力。自己制定的原则不必过于详尽，或者完全原创，但它们应该忠实地反映并符合你的核心理念。这些原则应当否定你从周围人或外界那里听来的“规则”，给你一套专属你自己的行为准则。

你可以主动或被动地制定这套原则。首先，主动写一份自己的原则概要，提醒自己何为自己喜欢的生活方式。接下来，找出一个有悖于你内心的特殊情况，指出其中你感到被迫遵守的规定。最后，重新写一条符合你的原则的规定，并恪守这条规定。举个例子，在一些组织中有一条不成文的（且不现实的）“规定”，那就是：“奉献你的全部，否则你将无法获得成功，并且会因此感到愧疚。”把这条规定改写为：“我会给予X，但仅限于此。我不允许任何人让我因此而感到内疚，我可以按照自己的方式取得成功。”

● 采取行动

列出你害怕违反的规定，然后逐一铲除恐惧。对循规蹈矩者而言，遵从事物应当的样子可能会无法抗拒。当你花时间把这些条例写出来，你将意识到它们并非真正的“规定”，或者这些规定其实很容易执行。当然我们不能一概而论，因为并非所有的规则都不好，但害怕打破常规不应该成为你前进的绊脚石。重塑脑中的思维，你会发现，那些你曾害怕违背的规定，并没你想象的那么重要。

当你面对规则时，可以试试“打破规则”，以不冒太大风险的方式，走出你的舒适区。可以是面对粗鲁无礼的人，鼓起勇气公开表态，也可以是用全新、富有创造性的方法重新布置家具，甚至可以是跳过指导直接尝试从未做过的事，挑战自己的极限。从身边的小事开始，然后你会惊讶地发现，那些大事也开始变得易如反掌！身为一名循规蹈矩者，你的舒适区往往非常明确。所以，如果你希望将来在面对恐惧时，能更自如地处理难题、冒险，敢于采取行动，那么从小事开始改变，会对你有很大帮助。

建立责任关系

身为一名循规蹈矩者，你需要找的责任伙伴不能和你一样是循规蹈矩者，他必须具有与你不同的长处、不同的观点，或者和你属于不同的恐惧原型，在面对你觉得必须遵守的规定时，会提供一个全然不同的视角。你找的那个伙伴，会鼓励你运用自己的判断力和批判性思维技巧，而不是让你默许事物按照它“应该的”样子发展——当你可能以非黑即白的方式看待事物时，他会站出来帮你指出，对你负责。

抛开对打破常规的恐惧

一个星期六的早晨，在农贸市场里，特雷西最忠实的顾客简，再次建议特雷西把生意做大，并且开始网上销售。

“特雷西，你做的味道真是棒极了！全世界都会爱上你的辣番茄酱！”

和往常一样，特雷西笑着叹了口气，语气里透露忧伤：“只是我不知道怎么做才好通过那些规章条例，我太怕犯错了，甚至不知道该从何做起。”

不过这一次，简的反应令她吃了一惊，“既然这样，你何不去上上课，学习一下规章制度。我相信一定有相关的会议或培训，你应该调查一下！”

特雷西惊呆了，为什么自己从来没这么想过？

从市场一回到家，她就迫不及待地开始搜索信息，发现下个月就有一场电子商务会议，在驱车3小时车程的城市举行。她当即就报了名，心中祈求上天保佑自己没做错。

事实证明，这是特雷西做过的最好的决定。

在会议上，她报名参加了食品销售商课程，学习了如何应对食品安全的规章制度。所有她最为头疼的问题，都一一得到了解答，而下一步该怎么做，她在心中也制订了明确的计划。收获不仅限于此，她还结交了一些零售商，这些零售商已经在网络上销售了一段时间，并学到大量有关电子商务的知识，其中包括那些曾令特雷西惧怕的问题，比如如何创建网站、如何处理销售和营销。与此同时，特雷西还加入了一个在线辅导小组，该小组会全程为她提供支持与指导。

“充过电”的特雷西感到信心十足，有勇气朝着自己的梦想进发了。她严格按照计划逐步执行，几个月后就建立了自己的网络，并开始在网上销售。

人生头一回，在面对未知时，特雷西感到了兴奋而不是恐惧。迎头面对恐惧为她增添了更多信心，她开始翘首期盼未来。

带着恐惧前行

关于克服对权威的恐惧，从而打破常规，你是否需要更多提示呢？请仔细阅读第9、12和19章的内容。

第3章

讨好者

害怕外人的看法

> 很少在意你，可能你就不会担心他们
>
> ——奥林·米勒（Olin Miller）

她关心别人，友善大方，总是乐于参与大家

绝，因为她讨厌令人失望或让别人难过。

点有时也会使她容易遭人利用。无论是在工

长教师协会[①]中，每个人都知道，如果他们需

，因为她总是可以随叫随到，曼迪的朋友有

称PTA，致力于家长和教师共同携手帮助学生学习和成

时甚至怀疑她怎么能有时间睡觉。

曼迪在一家大型建筑公司担任办公室经理，她的老板很喜欢她。这样的下属谁不喜欢呢？她是一名模范员工，每天早早到公司上班，待到很晚才下班，从来都尽职尽责，有时还会帮助其他同事处理问题。

曼迪讨厌冲突和矛盾，所以她会花大量时间调解纠纷、缓和气氛，确保没有人难过或生气。她的老板有时会笑话她简直是阿Q翻版，因为她总是盲目乐观。

当曼迪还是个小女孩的时候，她就是这个样子了。她在一个幸福的家庭中长大，这个和睦的家庭犹如图画般完美——一对夫妇，膝下一双儿女，居住在郊区一栋宽敞的复式别墅里。但当曼迪的哥哥升入初中后，他变得叛逆起来，上高中后更是处处惹是生非。家中吵得天翻地覆，而曼迪会花大部分时间做一个完美的女儿，确保家中气氛缓和。

曼迪非常在乎自己的外表和穿着，因为她介意周围人的眼光。她想要紧随潮流，却也不想过于时髦。她对自己房间的装饰很满意，热心打理它，因为她不愿任何人觉得她不擅长操持家务！

曼迪终日忙于社交，周围总有一大堆朋友，她可以给人带去欢笑，并用真诚的笑容温暖大家。在绝大多数时间里，曼迪和她的丈夫相处融洽，主要原因是曼迪讨厌争吵，宁愿顺从丈夫，也不愿为自己的想法而战。

偶尔，曼迪会憧憬创业，想象自己在市中心开一家小咖啡店的模样，但她不知道自己能否腾出时间去做。此外，她觉得自己可能会被周围人的言论击垮，特别是如果创业失败，闲言碎语会令她无地自容。

有时候，曼迪觉得自己活得很累。她花费大量时间试图讨好别人，几乎没留下时间展望自己的未来。说句心里话，她连自己想要什么都不知道。

曼迪是个讨好者。

讨好者原型

天性驱使讨好者寻求他人的认可，他们害怕遭人评头论足，这也表现为害怕使人失望，或在意别人的看法。从根本上来说，讨好者最大的顾虑，通常可以归结为担心对方会做何反应。

因为讨好者最惧怕被人评论——或者更糟的，比如嘲笑——而且对他人的反应和言论极为敏感和恐惧，她有时会犹豫不前，因自己的优柔寡断而错失良机，或感到无能为力。总的来说，她不喜欢那种在众人面前出丑的感觉。

虽然讨好者不认为自己性格外向，但他们往往很受大家欢迎和喜爱。这是因为他们非常清楚自己在外人面前的表现，他们通常言语谨慎，如果自己的真实想法违背了普遍共识，他们宁愿选择将之隐藏。

为了赢得周围人的认可与喜爱，讨好者一般都好交际，是大伙儿的开心果。他们会在自己的外表上下足功夫，其他方面也很爱面子，比如开豪车、住豪宅、穿名牌。

长此以往，讨好者很可能变成“好好先生”“好好小姐”——对人有求必应，甚至跟着别人的思想跑。他们喜欢与人和睦相处，不愿意做任何可能引起愤怒、失望或伤感情的事。

讨好者太在意他人的想法，因此容易受到来自同龄人的压力。他们渴望融入集体，成为其中的一分子。

虽然表面上不一定显得温顺，但讨好者很难拒绝别人，或设置做事的限度，建立健康的界限，因为他们害怕辜负别人的期望。而其他人则倾向于把他们当作“奉献者”，或者乐善好施的人，可以把自己的时间和精力分给别人。

这种性格当然有很多值得歌颂的一面，但也会令讨好者变得束手束脚，或者为满足对方的要求，把自己的目标和梦想放到次要位置。如此下去，讨好者会感到强烈的愤恨与痛苦，最后以难以预想的方式爆发。

讨好者在最普遍的恐惧原型中排名第三，有21%的受访者表示这是他们最主要的恐惧原型，有63%的受访者，排名前三的恐惧原型中包含讨好者。

积极特征

讨好者通常是身边最友善、最贴心、最慷慨的人，他们温柔体贴，想尽办法向周围人伸出援助之手。这些特征使他们极具人气，赢得众人的喜爱，除此之外，他们友善，颇具魅力，走到哪儿都能给人们带去欢笑。

大家都爱与讨好者交朋友，因为他们是最佳战友、完美雇员，靠谱、专业且好说话。讨好者适合所有岗位的工作，尤其擅长协助角色，或与人合作的职业。常见的岗位包括行政、护士、教师、社会福利工作、客户服务和零售。

习惯和行为

- 过度害怕自己在人前出丑。
- 不想让周围人失望。
- 花太多心思考虑别人的想法与言论。
- 往往极具人气，受人爱戴。
- 过分关注自己的外表和地位象征，喜欢打扮。
- 不愿与众人的意见或常识相左，隐藏或改变自己的看法来求同。
- 害怕失去友谊，或遭人闲言碎语，避免任何可能危及友谊的事情。
- 从来都是答应对方，最终常常导致自己不能做自己。
- 太关心别人的想法。
- 乐善好施，有趣善良。
- 渴望融入大家，成为集体的一分子。

一目了然

讨好者

- ⊖ 从别人的认可中，获得自我价值。
- ⊖ 很难说“不”，难以与他人设定界限。
- ⊖ 做事犹豫不决，害怕别人的评价。
- ⊕ 通常能得到人们的喜爱，给人们带去欢笑。
- ⊕ 为人着想，慷慨大方。
- ⊕ 是富有责任心的雇员，优秀的团队合作者。

讨好者的心声

下列引用的陈述与想法，来自调查对象中讨好者得分很高的受访者。

- “我害怕失败，害怕在众人面前出丑，或被人取笑，我怕失去我的朋友们。”
- “我知道不应该，但还是控制不住自己去想别人对我的看法，我担心他们不赞同我。”
- “我怕自己出丑，怕别人觉得我浪费钱，怕我爱的人失望，或者令他们生气。”
- “我害怕自己不堪重负，辜负人们的期望。我喜欢尝试学习新事物，但又担心会因此妨碍到别人。我曾经因为缺少时间、缺乏耐心和毅力而令人失望，所以从此以后，我做事处处小心谨慎，这就是我经常失利、拒绝机会的原因。”

- “我总是担心别人会怎么评价，会做出什么样的反应。”

- “我报名参加一些课程，学习健康知识、如何爱自己、如何克服情绪化饮食。但后来我取消了所有课程，因为我担心别人觉得我做得不够好，所以选择放弃。”

- “我好怕在外人面前丧失体面，或者被人瞧不起。我担心自己与同龄人格格不入，或者不如他们。”

- “我害怕犯错或令人失望，我不想让自己不堪。”

这种恐惧原型是如何阻止你前进的

身为讨好者，你很可能因为顾虑他人的想法、观念、需求，而将自己的梦想、热情、目标抛诸脑后。

下列一些行为，会对讨好者产生不利影响，阻止你前进：

- 因为在乎旁人的眼光和言论，你会选择维持原状，放弃对梦想的追逐。

- 你容易受到同龄人压力的影响，你愿意追随大流，纯粹是因为大家都这么做，而你不想脱离群体。

- 别人的请求你往往难以拒绝，这使你无法做自己，几乎没时间追逐自己的梦想。

- 善良大方的你，很容易被周围人占便宜，或者遭到欺负。

- 害怕让人失望的心理，导致你屈服于他人的诉求，而不是根据自己的判断说话。

- 当你感到自己处在众目睽睽之下，或可能受到别人关注，你会格外紧张和恐惧。

- 在你心里，追寻自己的目标与梦想，没有被人喜欢、得到他人认同来得重要。

克服这种恐惧的策略

害怕被人评论或让人失望，可以通过下面的策略得到克服：

重塑观念

你之所以会害怕遭人议论或让人失望，很大一部分原因来自你脑海中的剧本——如果你无法按照别人的意愿行事，别人就不会爱你或接纳你。想打破这个恐惧魔咒，你就需要在脑中重新书写这个声音。创造一些新的自我暗示，每天对自己说一遍，把曾经在脑中重复播放的剧本擦去。

如果你内心深处相信别人会因为你拒绝他们而对你评头论足或不喜欢你，那你的自我暗示可以是："我可以有我自己的观点，别人赞同与否无所谓，他们不同意并不表示他们不喜欢我。"同样的，如果你担心别人对你失望，你可以告诉自己："无论谁，都不会因为我设定界限而对我失望。"有时候，对自己的剧本稍加改变，就能对自己产生影响。

采取行动

对讨好者来说，最重要的是练习说“不”！毕竟，如果你拒绝说“不”，过不了多久，你就会发现自己没办法对人和事百分百负责。更糟的是，你会开始厌恶自己担下的责任，以及那些你需要做或可以做到的事，而这些事全都因为你当初不愿意说“不”而未能如愿。过度承诺会导致恶性循环，避免的最佳方法就是学会说“不”。当然这对讨好者而言，是说起来容易做起来难！不过，和生活中的其他事情一样，练习得越多，你会变得越好。所以请你从现在开始就练习，你可以向对方再争取一些时间，或把任务转交给别人，或委托别人帮你拒绝，这些都可以，但请你勇敢说“不”，练习练习再练习。

与此同时，练习关照自己的内心，花些时间在自己的目标、梦想和重要的事上。在你的日程表上划出专属自己的时间，刚开始你可能需要一点点来，其他人也需要一些时间来适应，但请牢记，当你关心自己的需求时，你也是在为别人做更好的自己。

作为一名讨好者，或许长久以来，你都把他人的需求放在自己的需求之上，而忽略关照自己的内心，可能使你筋疲力尽。但就像在飞机上戴呼吸面罩，规定乘客必须先为自己戴上面罩后，再帮别人戴，因此你首先需要照顾好自己，才能帮助他人。

建立责任关系

克服任何形式的恐惧，最好的方法之一就是找一位老师或导师，他具备你需要学习的品质和技能，能指导你学习。如果可以的话，请找一位与你属于不同恐惧原型的人——比如被排斥者——帮助平衡你身上讨好人的倾向。

最理想的状况是，找到愿意将你推出舒适区的人，帮你练习拒绝别人、关照自己。这样的练习一开始会让你感到不适，但最终你一定能超越自己，特别是如果帮助你的人是你敬仰和信赖的人。

超越对讨好的需求

曼迪快要接近精神崩溃的边缘，即使如此她还是害怕让人知道自己的状况，担心这会令他们失望，她知道她必须放弃一些事情。因为当她努力履行所有她许下的承诺时，忙碌操劳已使她疲惫不堪、睡眠不足。

接着，一场严重的流感终于使她不堪一击。卧床休养期间，她收听了关于自我关爱和学会拒绝的播客，这才意识到自己应该做出一些改变。

曼迪与丈夫促膝而谈，她的丈夫非常高兴听到自己的妻子想要花更多时间在自己身上。他告诉曼迪，无论发生什么事，他都会一如既往地爱她，即使她不能一直顺着他。

这对曼迪来说太重要了。

她随后开始学习拒绝——她婉拒了一些曾经许下的承诺。出乎意料的是，那些遭到拒绝的人们似乎都能理解她，并且没有一个人因此对她生气。她意识到，她施加在自己身上的压力，绝大多数都是出于幻想。

在工作上，她不再试图解决每一个矛盾，取而代之的是鼓励团队成员自己解决问题。当涉及时间安排时，她也开始更加注重取舍。

然而，曼迪身上最大的改变，是思维模式上的变化，她已经允许自己把个人需求放在首位。虽然还没有足够的勇气开自己的咖啡店，但她离这个梦想已经越来越近了。

带着恐惧前行

害怕被人评价、令人失望，把别人的需求放在首位，如需更多关于处理这些恐惧的提示，请留意第8、13和19章的相关内容。

第 4 章

被排斥者

最害怕遭到拒绝

我最擅长的事就是走开，被拒教会你如何拒绝。

——珍妮特·温特森（Jeanette Winterson）

《重量》（*Weight*）

没有人会用“胆小”来形容薇薇安。

实际上大部分时候，她都给人一种与“胆小”完全相反的印象——她无所畏惧，我行我素，按照自己的意愿生活。她直言不讳，自信勇敢。她喜欢特立独行，似乎并不在意旁人的眼光。她乐于冒险，喜欢旅行，几乎不能待在同一个地方。

她在高科技行业做独立承包商，这份工作给了她大量自由时间，同时让她能在短期项目中灵活选择。这正是薇薇安喜欢的方式，因为每当她想待在某家公司工作一年或更久，都没能像预想的那样顺利。

她任职的公司都很欣赏她的工作能力，虽然有时她会得罪一些人。薇薇安从来不畏惧在大庭广众面前说话，敢说其他人不敢说的话，但有时这种直率的沟通方式会令她陷入麻烦。

事实上，薇薇安对大多数人都心存芥蒂，硬要说的话，就是不信任他人。虽然她是个有趣的人，但她的生活圈子里只有一小部分人——她只相信这部分人，把他们认作真正的朋友。

即使如此，她还是会经常感到自己遭到冷落或排挤，比如当她的同事们下班后喝饮料或计划周末结伴出游，却没有叫上她的时候。她会假装自己不介意，其实内心却非常在意。

薇薇安在三姐妹中排行老二，随着年岁的增长，她总觉得自己与其他家庭成员格格不入。她的两个姐妹都是运动健将，很受大家欢迎和喜爱，父母也很宠爱她们，薇薇安总觉得自己像是这个家庭的局外人。她对戏剧俱乐部、电脑、绘画这些被她的姐妹们称为“古怪”的东西感兴趣，而其他家庭成员对此似乎不太理解或欣赏。

她明白在某种程度上，她的家人的确很关心她，但她从未感到完全被爱或被接纳。家人们似乎总是忙于出席各种足球、橄榄球、篮球比赛，没法腾出空来参观艺术展览或观看机器人比赛。薇薇安一直装出她并不在乎的样子，但其实她的内心深处却疼痛不已。

上高中后，她开始接受自己是个害群之马的身份。她认为，如果别人觉得她是个败家子，那她应该让这个名声名副其实。于是她开始越界、违反规定，老是接二连三地惹麻烦。

高中毕业后，她决定先旅行一年再上大学。即使到现在，过了这么多年后，她还是觉得这是她做过的最好的决定，因为这是她有生以来第一次没有生活在她姐妹们的阴影下。

如今，薇薇安与她的姐妹们相处得不错，她们都长大了，并组成了各自的家庭。因为拥有一份体面的工作和可观的收入，薇薇安不再被认为是麻烦的制造者，但她内心中依然觉得自己从未真正融入家庭，所以她与自己的姐妹们仍然很疏远。

薇薇安是个被排斥者。

被排斥者原型

被排斥者是典型的粗野的个人主义者，他们无法摆脱对被拒的恐惧，并且不敢相信别人——这种恐惧往往表现为在自己可能遭拒之前，就先拒绝别人。

具有讽刺意味的是，在旁观者看来，被排斥者往往表现得无所畏惧，不在乎外人的眼光，不害怕开创自己的道路，敢于说出自己的想法，会大胆地跳出框框思考，做一些与众不同的事。

然而在内心深处，被排斥者一直怀有一种信念，即其他人不可依靠或信赖，只要有一丁点儿对他们的忽视或冷落，都会加深他们内心的这种想法，这导致他们更加频繁地拒绝别人。即使别人的冷落并非针对他们，或者别人根本没有拒绝他们，他们也会往最糟糕的方面想。

因为觉得自己不值得被爱，不值得被接纳，被排斥者通常会不顾一切地想要向世界“证明”自己，无论是通过显著的成就、经济上的成功、社会地位，还是极端的行为。

被排斥者趋向于离经叛道，一心专注于自己的事，拒绝规则与限制。他们不会墨守成规，喜欢用自己的方式解决问题。同样的，这样的行为在旁观者看来就显得无所畏惧，只是实际上，这种我行我素的态度是他们拒绝别人的一种方式，以防首先遭人拒绝。

极端的被排斥者人格，有时会导致自毁或犯罪行为。因为被排斥者常感觉整个世界都联合起来对付自己，所以不太愿意循规蹈矩。如此一来，被排斥者也容易变得自私且自恋，只从自己的角度看待事物，没有太多怜悯之心。

被排斥者很难与人合作共事，不擅长向他人寻求帮助，或做集体项目。他们有时会不够圆滑，且一意孤行，不愿他人插手，他们喜欢自己独立工作。

被排斥者通常有坚定的信念与观点，并且会毫不掩饰地将之公之于众；与此相反的是，被排斥者有时会用极端或富有争议的言论推开周围人，或在别人拒绝自己前先拒绝他们。

被排斥者在最普遍的恐惧原型中排名第四，有15%的受访者表示这是他们最主要的恐惧原型，有38%的受访者，排名前三的恐惧原型中包含被排斥者。

积极特征

被排斥者大多活力十足，积极上进，下定决心要成功（即使只是为了证明自己），所以他们常常能功成名就。被排斥者坚持不懈的精神驱使他们不断向前，即使在其他人选择放弃的时候也不回头。另外，他们愿意承受比大多数人更大的风险。

虽然不算完美的合作伙伴，但如果被排斥者信任团队，与大家的想法和立场一致，那他很可能成为意想不到的最佳带头人。被排斥者普遍都不怕犯错，善于抓住机遇，勇于承担责任。

作为一名个人主义者，被排斥者往往拥有优秀的独立思考能力，能提出具有深度的观点。那些需要独立完成、创新型的工作，更吸引被排斥者。他们喜欢主导，不愿从属，喜欢一个人独立做事，所以他们大多从事创业、商业、表演、导演、写作、艺术，或独立承包等工作。

习惯和行为

- 往往觉得别人最终会辜负自己。
- 总是害怕别人过于亲近自己。
- 通常只有为数不多的几个好朋友。
- 喜欢“深入”的交流，而不是场面话。
- 大多直言不讳，因此有时会被视为愚蠢或自大。

一目了然
被排斥者

- ⊖ 害怕遭拒，会先推开别人，以免自己先被拒。
- ⊖ 给人无所畏惧的印象，似乎并不在意别人的看法。
- ⊖ 有时难以融入集体，可能会自暴自弃。
- ⊕ 积极向上，容易取得成功。
- ⊕ 能够成为一名非常高效的领导。
- ⊕ 往往具有坚持不懈的精神，愿意承担风险，不太容易因失败而气馁。

- 经常觉得自己与大家格格不入。
- 对任何潜在的拒绝都很敏感，无论这种拒绝是否真实存在，且经常会因为别人取消计划或没有考虑到他/她而过度生气。
- 有时不够圆滑，缺乏怜悯心。
- 会比较自私、自恋，希望所有事物都按照自己的意志行事。
- 有时不能与人共事和合作。
- 不怕冒险，喜欢尝试新事物，或跳出固有的思维模式。
- 不愿随大流。

被排斥者的心声

下列引用的陈述与想法，来自调查对象中被排斥者得分很高的受访者。

- “我担心我做不好生意，没有人来买我的摄影作品。”
- “我讨厌给人打工——这就是我选择自己创业的原因。”
- “我去一个新的地方结交新朋友。起初一切顺利，但后来我变得非常不安和紧张，担心他们不喜欢我，然后我离开了聚会。事后我会对自己耿耿于怀，因为我想好要参加聚会，安排好了，也去了，却中途离场，是害怕别人不喜欢自己的心理最后占了上风。”
- “我不想被拒之门外。”
- “我觉得自己的成果永远无法得到别人的接受或认可。”
- “我害怕与人亲近，我应该交些新朋友，但因为过去的阴影，我没有勇气面对内心的恐惧，尝试相信别人。”
- “过去的经验告诉我不能指望任何人，如果要做什么事，我必须亲力亲为。”
- “我觉得，如果你太依靠别人，他们终有一天会让你失望。”
- “我先生一年前去世了。最近我想尝试网络相亲，但还是临阵退缩了。我现在刚满四十岁，不想从此孤身一人，但因为害怕遭人拒绝，我不敢迈出一步。我对自己很失望，但也不想改变，因为我会为自己开脱。”
- “我不需要成为人群中的一员，我喜欢做自己的事。”

这种恐惧原型是如何阻止你前进的

尽管被排斥者总是显得临危不惧——直抒己见，乐于尝试新事物，独立自主，勇于挑战——但害怕被拒绝的恐惧，却以一种间接的方式阻止他们前进。

身为一名被排斥者，下面的一些方式可能对你造成不利或妨碍你：

- 你也许在心中认定他人不可信，这会导致你无法对人敞开心扉，或不愿暴露自己的弱点。这种想法不但令你难以收获深厚且有意义的人际关系，甚至会阻碍你建立有价值的商业关系。
- 你可能对任何潜在的拒绝极为敏感，即使事实上你未遭到拒绝。
- 你非常渴望用成就证明自己，以至于有时不得不以牺牲他人或彼此的关系为代价。
- 你经常很难与他人合作。
- 你有时会冒险，或尝试一些危险、可能对身体有害或触犯法律的行为。
- 你会将那些想要帮助你的人推开。
- 当感到自己被排除在外时，你会焦虑和恐惧。
- 你有时候会缺乏怜悯之心，致使周围人误解你，被拒的感觉会因此加剧。
- 你可能固执且自私，常常希望所有事情完全按照你的想法进行。
- 你的性格内向、孤僻，不喜欢与绝大部分人为伍。

克服这种恐惧的策略

如果你是一名被排斥者，使用下面的策略可以帮助你克服对被拒的恐惧：

- 重塑观念

与其他大多数恐惧原型相似，你的恐惧很大一部分来源于你脑海中的剧本。不同的只是，你认定别人不可信任，并且觉得最好在别人拒绝你之前首先拒绝。

如果想克服这种恐惧，你就需要重塑这条信息，创造一个新剧本，每天重复暗示自己，最终替换掉曾经不断在脑中上演的剧本。

例如，如果你心底里不愿相信别人，那可以对自己说："过去别人伤害过我，但那并不意味着所有人都不可信。在我的生命中，有许多人是可以信任的。"同样的，如果你害怕别人拒绝你，或让你失望，那你可以告诉自己："别人拒绝我或不赞同我的观点，并不表示他们不认可我这个人。"

- 采取行动

除了重塑脑中的观念，你还需要采取一些行动，练习在现实生活中信任别人，与他人合作，这会帮助你印证进而认同这些新观念。

试着更积极主动一点，尤其是在一些自己通常会回避的场合。比如当你想自己解决问题时，去寻求他人的帮助，或者当你本能地想要单独行动时，去加入大家的团队。如果你的信任问题比较严重，可以考虑找咨询师，探究你恐惧的根源。

然而最重要的是，你要放下对“拒绝”的戒心，如果对方说“不”，你不要以为你被人拒绝了。大多数时候，他们根本没有拒绝你！

● 建立责任关系

作为一名被排斥者，你不愿让自己显得不堪一击，所以让自己敞开心扉变得尤为关键，就算你只在某个或两个可信赖的责任伙伴面前如此。刚开始，这样做很可能让你感到极度不适。但即使如此，寻求他人的监督和真诚的反馈，很大程度上能帮助你克服恐惧。当你内心的被排斥者在建立防卫时，你的责任伙伴会给你指出，并帮你克服对被拒的恐惧。

你同样也可以寻求导师的帮助，说出自己的心事，让他们指引你。对被排斥者而言，要这么做相当不容易，因为你向来很少找人帮忙，但这么做会用你需要的方式把你推出舒适区。一开始，和导师交流可能并不顺利，但逐渐地，尤其是在那些你欣赏或信任的人的帮助之下，你会体会到与人合作共事的益处。

超越拒绝

薇薇安过37岁生日的时候，第一次发现自己可能一直误解了家人对她的看法。生日那天，她的姐妹和父母都过来为她庆生，在共饮了几杯葡萄酒后，薇薇安打趣说，比起自己，爸妈似乎更爱她的姐妹，因为她从来都与大家格格不入。

而她母亲的回答让她震惊了。

“薇薇，我们一直都很爱你，而且很欣赏你的独立个性。”母亲说，“我们想支持你，但你似乎总是把我们拒之门外，所以我不得不偷偷溜进你的房间，找出你的演出时间表。在观众席为你加油，也只敢悄悄躲到最后，为了不让你看到我，因为我怕你不愿看到我在那里。”

说到这里，她的姐妹们也插嘴道：“没错，小薇，你总比我们要酷很多，我们以为你不喜欢我们。”

一瞬间，薇薇安多年来认知的自我和她的家人，顿时焕然一新，她意识到应该改变自己的思维模式了。

她向自己最亲密的朋友寻求建议，并开始了解这种推开别人的做法是如何影响她的人生，并因自己被拒的恐惧而加剧的。

薇薇安决心要做出改变，首先是和家人之间。她开始定期安排“姐妹之夜”，三姐妹结伴晚餐，聊天叙旧，重新建立姐妹情谊。薇薇安没有想到她们在一起原来可以如此开心，这么多年来，她是多么渴望能这样与姐妹们亲密无间！

同时，她也开始更加努力地与同事沟通，甚至鼓起勇气询问是否能与他们一起喝下午茶。她惊讶地得知，当初大家不邀请她，是以为她不喜欢他们。也是得益于这些与大家的联系，她获得了本来可能错过的职业机会。

慢慢地，薇薇安开始不再觉得别人不可信任了，她不再万事逞强，变得愿意与他人沟通。虽然她仍然会受挫，但总的来说，薇薇安比以往任何时候都感到更快乐，更被人接纳。

带着恐惧前行

如需更多关于克服被拒的恐惧和抵制推开别人的倾向，请务必阅读第11、18和21章的相关内容。

第5章

自我怀疑者

最害怕自己不够好

一旦怀疑自己是不是能飞，你就永远都飞不起来了。

——詹姆斯·马修·巴利（J. M. Barrie）
《彼得·潘》（*Peter Pan*）

桑德拉一直想弄明白自信是什么感觉。

有时她会望着她那三个似乎拥有全世界自信的兄弟姐妹，希望自己哪怕是得到其中的一点点自信也好。他们事业有成，似乎一直在旅行，生活也过得充实美满，而回过头来看看自己，桑德拉觉得生活像是将她抛弃了一样。

在这种情况下，不感到懊恼确实很难。

话说回来，桑德拉从前并不是这样，至少不完全是这样。高中时，桑德拉是名运动健将，排球队中的明星。她带领球队赢得了数次州赛冠军，并且被授予了最有价值球员奖。

即使如此，在内心深处，她从未觉得自己足够优秀。她很担心有一天别人会开始发现，自己并不如大家想象的那样好。实际上，她一直那么努力的真正原因——几乎到了废寝忘食的地步——只是因为她害怕自己不够好，辜负了所有人的期望。

一所一级分校破格录取她为排球特长生，并给予她全额奖学金，但她拒绝了学校的邀请，转而选择了社区职业学校，决定从此结束排球生涯，因为她再也无法忍受排球给她的压力了。

然而这么多年过去了，她仍然会想，假如当初自己没有放弃……

职业学校毕业后，桑德拉在当地一家初创企业担任高级销售经理的行政助理。这份工作极具挑战，虽然她只待了一年左右的时间，因为太害怕自己把事情搞砸，最终被解雇了，但在这个过程中，她慢慢爱上了这份工作。她知道该做什么，如何应对各种突发情况，并从中体味到很多乐趣。

后来，她结婚了，并且不久就有了身孕。在丈夫的建议下，她辞去了她所热爱的工作，成为一名全职妈妈。如今，她的三个小孩已经长大独立，她爱她的孩子胜过一切，但有时她会为当年自己放弃工作而感到惋惜。

桑德拉深爱她的丈夫，不过她总喜欢取笑他的衣着打扮，她还经常对他评头论足，说他老是忙工作，过去几年里胖了好几斤。桑德拉的丈夫觉得桑德拉太吹毛求疵了，当他们俩吵架的时候，他会如此责怪她。

桑德拉明白自己不该这样对人评头论足，但有时候她就是控制不住自己，好像不由自主从内心爆发出来一样。只是她心里明白，与其关心这些，更应该考虑自己，让自己快活起来。实际情况是，桑德拉的丈夫并非唯一变胖的人，桑德拉知道自己也长了好几斤，而且她好像没法控制自己的饮食。

桑德拉只有为数不多的几个亲密女伴，所以她经常羡慕那些闺密成群的女性。然而想归想，她做不到如此开朗外向。不久前，她的丈夫在工作中结交了一个新朋友，而朋友的妻子达西也想与桑德拉成为朋友。他们四人共进过一次晚餐，但从那以后，桑德拉便一直回绝达西的邀请。

真实情况是，桑德拉完全被达西惊吓到了。达西是一个美人坯子，身材又好，目前自己经营着一家私人培训机构，还烧得一手好菜，走到哪里似乎都能交到朋友。她身上具有所有桑德拉羡慕的特征，只是那个人不是桑德拉。

于是，桑德拉开始越来越多地评价达西，而不是与其交朋友。她经常在丈夫面前，对达西的衣着、教育方式，以及任何她想得到的事情冷嘲热讽。后来达西与她丈夫决定搬走，两对夫妇在餐厅最后一次聚餐，桑德拉直到这时才终于放下防备，和达西促膝长谈了一晚上。此时的桑德拉方才醒悟，她的不安全感可能让她错过了一段美好的友谊。

桑德拉是一名自我怀疑者。

自我怀疑者原型

自我怀疑者往往被一种深刻且时常不易察觉的不安全感所困扰，他们最担心自己不具备足够的能力，常常表现为害怕自己不够好，无论这个“好”是指足够聪明、足够有才能、学历足够高、足够漂亮、足够强壮、足够会说话、足够酷，还是其他。

由于自我怀疑者经常担心自己是不是够格或有能力，他们可能会因为内心的不安全感和不确定性想法而裹足不前。

在自我怀疑者耳边，似乎不断地有一个声音低语，“你做不到”“你没有能力”或“凭什么你觉得自己能行”。这个声音导致自我怀疑者不停地追问自己，怀疑自我价值，令自己郁郁寡欢。

有意思的是，自我怀疑者有时试图通过吹毛求疵或评头论足，来掩饰或平复内心的不安全感。他们将自己的无价值感转移到周围人，尤其是身边最亲近的人身上，那些正在冒险、放手一搏，或追逐目标与梦想的人，因此，自我怀疑者偶尔会被贴上尖酸刻薄的标签。

见到自信、敢作敢为的人，自我怀疑者也可能产生很强的嫉妒心理。同样的，这种嫉妒也会表现为讽刺挖苦以及说三道四。

这一嫉妒与吹毛求疵的倾向，会对人际关系产生不利影响，虽然它的来源仅仅为自我怀疑者的无价值感。令人哭笑不得的是，自我怀疑者身边的人，由于觉得自己永远无法达到他们的预期，会选择放手离开，这进一步加深了自我怀疑者内心的自我怀疑。

这是一个恶性循环。

自我怀疑者内心隐藏的不安全感，致使他们非常渴望得到赞扬和认同，甚至有时这种渴望过于强烈而无法满足。他们希望得到认可，需要听到不断的肯定，以建立他们的自我价值感。

自我怀疑者在最普遍的恐惧原型中排在第五位，3%的受访者表示这是他们最主要的恐惧原型，有24%的受访者，排名前三的恐惧原型中包含自我怀疑者。

积极特征

自我怀疑者大多谦虚谨慎，不喜夸耀，不事张扬。他们一般不爱自吹自擂、骄傲自大，也不会自我膨胀。自我怀疑者往往是异常努力的工作人员，总愿竭尽全力，从而弥补内心的脆弱。

自我怀疑者大多生性敏感，虽然有时会给人刻薄的印象，但其实他们富有同情心，善良和蔼，非常关心别人的感受。具有明确指示和结果预期的工作，或专业性的工作，是自我怀疑者所喜欢的。

习惯和行为

- 深深怀疑自己是否有能力，经常觉得自己没有价值。
- 长期受消极的自我暗示的影响，这个声音迫使他们质疑自己的

一目了然
自我怀疑者

- ⊖ 烦恼于没有安全感，觉得自己不够好。
- ⊖ 饱受自我怀疑的折磨，感觉自己陷在其中不能自拔。
- ⊖ 通过评价他人，缓解自己的不安全感。
- ⊕ 工作相当努力认真，会竭尽所能。
- ⊕ 善良，富有同情心，是一个很棒的倾听者。
- ⊕ 通常谦逊低调，不爱炫耀。

价值。

- 时常感到自己不够格或“不够好”，包括不够聪明、学历不够高、不够漂亮、不够有规划等。
- 喜欢对自己或他人吹毛求疵。
- 会给人一种尖酸刻薄的印象。
- 无法克制自己的嫉妒心理，尤其是对那些正在做他们想做的事情的人。
- 渴望别人消除他们的疑虑，给予他们积极的肯定。
- 谦卑，不爱炫耀，不自大，不虚夸。
- 在建立与维持友谊上常常遇到困难。
- 通常是一名特别努力的员工。
- 会因为没有安全感而无所适从。

- 面对新事物时，第一反应是自己不会做。
- 觉得别人更应该获得成功。
- 希望自己能做得更好，却不相信自己能用必要的行动来改变。

自我怀疑者的心声

下列引用的陈述与想法，来自自我怀疑者得分很高的受访者。

- “我不设定什么目标，因为我不知道自己究竟想要什么。到目前为止的人生里，我从来都在学习如何淹没在人群中。我母亲和前夫的话一直萦绕在我耳边，说我不够好，说我会一事无成。”
- “恐惧使我失去了教会主席的位置。大脑中的声音告诉我，我还不够好，时间不充裕，我懂的不够多，不足以将上帝的知识教给大家，令大家借由我看到真理。我把所有事都想得太复杂，总是处在自责当中。我选择退缩，不得不面对辜负大家的内疚感。”
- “我担心自己会失败，因为这早已是家常便饭。我会努力直到再也无法继续，然后选择放弃。既然如此，那我当初何必开始呢？”
- “我讨厌公开演讲或任何形式的公众关注。我曾被邀请发言，但总觉得自己不够格，不能胜任。从此我决定待在自己的舒适区，可也对自己感到既羞愧又失望。”
- “我很确定自己会失败，但我一点也不介意。另外，我相信有很多人会奇怪我为什么要尝试，因为很显然我一定不会成功。”

- “我害怕发现自己没能力做自己想做的事，害怕没有人真正在意我，或者关心我的成就。”
- “我知道我内心想做运动员，但就是没法鼓起勇气去做。这件事给我带来了很大的挫败感，让我很伤心。我想走出去，行动起来，但似乎无法冲破这堵不可逾越的墙。”
- “我的每个家庭成员都很聪明，好像只有我一个人像个傻瓜，我总是犯错，并且屡教不改。”
- “我害怕别人觉得我很笨或不称职，我总觉得自己不配成功，或者配不上目前的职位，我担心有一天人们发现我只是个冒名顶替者。”
- “好多年来，我都不敢辞去令我筋疲力尽的工作。因为我觉得自己做得不够好，所以凭什么其他工作我就能胜任。相较于相信这份工作可能不适合我，我更愿意相信，这都是我自己的问题，这件事让我郁闷了很久。”

这种恐惧原型是如何阻止你前进的

身为自我怀疑者的你，似乎总有个声音在说自己不够好，迫使你质疑自己的能力。

下列的某些方面，可能会对自我怀疑者产生负面影响，阻挠你前进：

- 你经常选择避免承担风险或尝试新事物，因为担心自己不具备成功所需的条件。

- 你也许发现自己总是对自己做的决定妄下结论，或因为害怕做不了而中途变卦。
- 当见到别人成功时，你只会感到郁闷或嫉妒，而非为他们感到高兴，尤其当他们成功地做了你想做却不敢尝试的事。
- 你可能对最亲近的人过分挑剔，故意破坏彼此的关系，让他们觉得永远达不到你的期望。
- 你比较容易受同龄人压力的影响，可能愿意随波逐流，因为你觉得自己没有价值，或者没有能力发出自己的声音。
- 你很难善待自己或他人，不敢尝试新事物，或容许自己犯错。
- 当你不得不需要冒险，或走出舒适区时，你会感到紧张和恐惧，而且认为自己还不完全具备所需的技能。
- 你会任由你对自我才能的局限认知约束你的行为，妨碍你施展能力。

克服这种恐惧的策略

如果你是一名自我怀疑者，使用下面的策略可以帮助你克服担心自己不够好的恐惧：

● 重塑观念

作为一名自我怀疑者，当你遇到困难、出了差错或经历失败时，会觉得自己很糟糕。然而你需要明白一件重要的事——错误和失败都只是生活的一部分。非但如此，我们犯的错，还教会我们一切所需知识，帮我们朝前迈进。

那这是否意味着，我们要积极犯错、找麻烦呢？不，当然不是。显而易见，让事情顺利进行才是我们的目标。但当你在追逐目标、尝试新事物时，失败不该成为你的绊脚石，因为犯错与失败是另一种形式的成功。

当你有意识地选择不再担心自己会搞砸，仅仅关注如何通过经验学习，你就赋予了自己尝试的力量，不再计较结果会如何。这么做会把你身上的所有压力一并甩去，使你真正享受过程。

● 采取行动

行动是消除恐惧的解药，对于自我怀疑者，唯一能够真正战胜你的不安全感和害怕自己没有能力的恐惧的方法，就是开始向自己证明自己实际上有能力。

好消息是，通过做一些小小的尝试，从舒适区中迈出一小步，你会最终获得足够的勇气，承担更大的风险，挑战更大的世界。没有什么比采取行动、带着恐惧前行，更能为你建立自信的了。所以请你不断练习，每天至少尝试一件你不敢做的事。

● 建立责任关系

对自我怀疑者而言，那个脑海中嘀咕你不具备能力的声音，会变得太大声而盖过其他所有反对意见。一旦出现这种状况，你会很容易就迷失在自己那个充满不安全感和不自信的世界里，即使那些想法并非基于现实。面对自我挫败的想法和不自信的感觉，如果你觉得自己没办法一个人应对，可以寻求身边信任的伙伴、导师、顾问或教练的帮助，获得外在视角。

当然，这表示需要向别人示弱，对自我怀疑者来说是相当艰难的部分。即使如此，从别人口中获知自己的想法并非准确，会对自己产生巨大影响。更重要的是，一名专业的教练或导师，会教你如何克服那些恐惧和不安全感。

超越不安全感

对达西的深刻歉意，最终使桑德拉相信，她需要想办法制止自我怀疑的情绪继续伤害自己。她开始阅读一些自助书籍，收听励志的播客，它们的确很有帮助且鼓舞人心，但她也意识到，自己或许还需要一些帮助，克服自己内心多年来存在的不安全感。

因为向熟人倾诉会感到不习惯，她在网络上约了一位人生教练进行交流。她的教练鼓励她有意识地练习自我关照，做一些适合自己的事，比如参加健身运动、请私人教练、加入业余排球队。

桑德拉很惊讶自己再碰排球会如此高兴，特别是现在她再也不用为争第一而感到压力了。她的生活变得越来越积极，身材也越来越好看，如此一来，她对自己的外表也更自信，这使得她活得更加快乐了。

大家在她身上发现了巨大改变，尤其是桑德拉的丈夫和孩子。

桑德拉的人生教练同时还鼓励桑德拉离开自己的舒适区，考虑重返职场。桑德拉花了将近6个月的时间才鼓起勇气开始应聘，虽然时间有些长，但她最终如愿找到了一份兼职管理工作，不但具有挑战性，还比较灵活。

但对桑德拉而言，她新发现的友谊才真正意义非凡。不同于以往在面对其他女性时会感到嫉妒和不自信，如今的桑德拉开始发现对方的优点，并且学会欣赏他人，而不是一味地意志消沉。

这是个巨大转变，令一切焕然一新。

带着恐惧前行

如需更多关于处理不自信、没有安全感、觉得自己不够好的提示，请密切留意第10、12、14和19章的相关内容。

第6章

爱找借口者

最害怕承担责任

失败比找借口更容易通向成功。

——约翰·麦克斯韦尔（John C. Maxwell）
《成功101条》（*Success 101*）

卡洛琳是那种容易给人留下深刻印象的人。

她聪明，自信，能说会道，是大家愿意倾听与仰慕的对象。理所当然，她看起来也学识渊博——她博览群书，能解释她所在领域中大多数思想领袖的理论与哲学。

事实上，卡洛琳太过擅长解释他人的思想，甚至没人注意到她一直小心翼翼地保留自己的想法与观点，不愿发表将来可能对她不利的言论。

卡洛琳明白，与其说出自己的想法，承担因失败而遭指责的风险，还不如躲在别人的思想后面来得更安全可靠。

随着卡洛琳慢慢长大，她的父母对她的期望也越来越高，他们给她施加了许多压力，要求课业成绩好，音乐、体育也要优异。

话虽这么讲，每当卡洛琳没能达到父母的期望，他们也会寻找各式各样的借口。如果她的考试成绩不理想，或报告写得不尽如人意，即使原因在于她没学习相关知识，他们也会打电话给她的老师要求更改成绩，这样的状况不止出现一次。他们坚持认为，卡洛琳没有入选全县管弦乐队的原因，是他们付不起指挥的私人课程费用，并非她在试镜中表现得不够出色。

卡洛琳发现，只要自己有理由证明她为什么没有达到目标，她的父母就不会对她失望。

读大学后，她很快就认识到，所有科目得高分的关键是将老师教授的想法与观点都倒背如流。于是她练就了应试方法，能非常熟练地在考试中复述老师在课堂上运用的词汇和短语。如此一来，她总是颇受老师们喜欢，大多数时候都能得A。

不过偶尔教授会发现卡洛琳的应试策略，要求她表达自己的观点。这把卡洛琳难倒了，她甚至选择退课来逃避。

从学校毕业后，卡洛琳被聘为一家大型制造企业分公司的项目经理。由于口齿伶俐，她很快就在部门内小有名气，并在接下来的几年里连续受到提拔，最终被任命为业务副总裁。

但就是这个部门高层的位子，把卡洛琳困住了。在那之前，她只需要发表自己的意见，最终自有其他人拍板，她永远也不必担心因为自己的不当决策被指责，或由于错误选择遭到批评。

她讨厌成为需要承担责任的人。

事实确实如此，她因此原因最终决定辞去分公司的工作，转型成为一名顾问。她发现自己喜欢提供建议，乐于给人列举选项、表达一系列的观点和想法，而不必做出最终决定。她享受掌握行业动态的感觉，但一点也不愿意成为犯错的那一个。

这个心态同时也作用到她的个人生活上，无论是在婚姻还是在友谊中，她都不愿做判断，包括到底选哪套房子，抑或看哪部电影。当她与丈夫发生争执时，丈夫最常抱怨的就是，她对任何事似乎总是有借口辩解。

卡洛琳是一位爱找借口者。

爱找借口者原型

爱找借口者也称为推卸责任者，他们为承担责任的恐惧所困，通常表现为害怕追究责任，或者害怕出错。

因为害怕别人把矛头指向自己，爱找借口者总是不断地寻找借口，把他们不能做或不得不如此的原因，归咎为其他人或其他事。

这些理由和解释经常看起来有理有据、合情合理，致使人们有时候很难确定，爱找借口者实际上是在转移责任、逃避指责。

爱找借口者极为擅长将人们的注意力从他们身上和应受的处罚上移

开，转向其他人或情况上。他们能言善辩，总能找到理由，为自己的失败开脱。

领导位置可能会令爱找借口者感到不自在，一想到要掌管局面、承担风险、挺身而出，他们就紧张不安，宁愿听从别人的安排。当需要面对自己的人生和梦想时，爱找借口者通常——虽然并不总是——更愿意效仿他人的模样，遵从他人的指导，比如导师、教练或老师。他们会密切关注哪些事在别人身上产生了积极效果，从中选择适合自己的方法。

当爱找借口者面对困难，或需要提出他们的观点和想法时，他们会变得坐立难安，担心自己要对自己的话负责，不敢承担不良后果。事实确实如此，他们常常会等到大家各抒己见后，再分享自己的想法，比起采取自己的立场，他们更愿意听从他人的判断。

令人哭笑不得的是，爱找借口者原型的本质——偏好避免担责或喜欢找借口——决定了该特性比其他特性更难被接受和认可，因为该特性的基本表现就是找借口逃避责难。

这就是为什么，明白爱找借口者原型与其他原型一样不分伯仲，就显得格外重要了。现实是，没有任何一个原型是积极正面的，相反，它们都或多或少阻碍我们成为更好的自己，而且我们每个人，都在某种程度上拥有其中某个原型的特质。

爱找借口者在普遍的恐惧原型中排在第六位，3%的受访者表示这是他们最主要的恐惧原型，有20%的受访者，排名前三的恐惧原型中包含爱找借口者。

积极特征

爱找借口者可以成为优秀的团队成员，且擅长与人合作共事。因为热爱学习，会在生活里汲取知识，他们能从别人的成败得失中获得经验。他们的行动力很强，如果与合适的导师或老师搭档，就能做出非凡的成绩。

爱找借口者是出色的啦啦队队员，竭尽所能支持别人，他们会让其他人感觉并相信自己有能力做出成绩。他们往往还是敏锐的观察家，具备很强的洞察能力，虽然他们有时不太愿意发表强烈的观点。爱找借口者更乐意且享受做支持他人的角色，而非直接的领导人。那些需要遵从上级指示和意见的工作，会令他们发挥才干。

一目了然

爱找借口者

- − 倾向于不敢承担责任，害怕遭到指责。
- − 宁愿寻找借口也不努力改进。
- − 不太愿意做领导或肩负重任，希望别人帮忙做决定。
- \+ 通常是优秀的团队成员。
- \+ 比较善于观察，能够从别人的失败中吸取教训。
- \+ 往往是个出色的啦啦队队员。

习惯和行为

- 当想到需要承担责任，内心会感到不安。
- 总是觉得自己遇到的挫折和失败，都是无法控制的外界因素或其他人的过失造成的。
- 每当出现问题，都会找借口或做解释；这些借口和解释往往显得合情合理，因此很难界定是真是假。
- 不愿给出自己的想法，害怕被迫做决定。
- 觉得自己之所以停滞不前，是因为过去或现在缺乏指导、支持或领导（例如，父母不好，教师不负责，老板太糟糕等）。
- 有时会将目前的问题归因于很久以前的或小时候发生的事。
- 常常希望老师给他们指明道路。
- 不擅长为群体或代表他人做决定。
- 更愿意与他人合作，而非单打独斗。

爱找借口者的心声

下列引用的陈述与想法，来自调查对象中爱找借口者得分很高的受访者：

- “我现在手头非常紧，这才导致我没法实现自己的目标。”
- “我好怕出状况，每个人都会生我的气，责怪我。”

- “我一直梦想拥有自己的面包房，但我的经济状况不支持我这么做，助学贷款占了我债务的大部分，这个梦想对我而言遥遥无期。”
- “我总被学业压得喘不过气，还款日也总是来得太快。我需要立刻挣钱，而不是6个月以后。”
- “我不想为其他人负责。”
- “我没有时间和精力把这件事做好，所以我觉得自己根本没必要开始。”
- “我人生最大的愿望是做一名驯马师，可现在我已经22岁了，却对马术几乎一窍不通，如今再开始涉及这个领域恐怕为时已晚。似乎所有那些成功的驯马师，都在很小的时候就开始学习马术。我感觉前途渺茫，根本无法实现这个愿望。”
- “我想自己创业，但好像总是遇到这样或那样的问题。不是时间不够，就是资金不足，没有人告诉我该怎么做。”
- “我真心想写一本书，一直以来我都梦想成为一名作家，却从未动过笔。我老是给自己找各种借口，可我心里明白，其实自己是害怕提笔，然而我又不知道怎么克服这种恐惧。”
- “我害怕单独做事，害怕没有公式可循，害怕没有人可依靠。”

这种恐惧原型是如何阻止你前进的

爱找借口者面临的最大威胁，是他们不愿掌控自己的人生，以及那些发生在他们身上的事。他们宁可寻找借口，来逃避指责或承担责任，这种默认的状态实际上是放弃对自己命运的掌控。因为到最后，再聪明的借口终究也只是一个借口。

作为一名爱找借口者，下列某些行为，可能会对你产生负面影响，阻挠你前进：

- 如果没有其他人做决定在先，你很难做出最终决定或给出结论。
- 对你而言，发表个人观点和想法非常不易，因为你害怕今后自己会被这些观点牵制。
- 如果带头做事意味着需要承担责任，当出现问题时必须接受指责，那可能会令你感到不自在。
- 你擅长为自己为何不尝试做某件事，或为何不能完成某件事，找到很好的借口或做出合理解释，尽管到头来，这些理由并没有对你产生积极作用。
- 爱找借口和推卸责任的习惯，会让你身边的人感到沮丧，因为那就好像你不愿意承认自己的过失，这会对你的人际关系产生不利的影响。
- 当被迫做决定、遭到指责，或被要求承担责任时，你会感到紧张、烦恼或恐惧，并可能用抨击别人的方式做出回应。
- 你可能难以承担风险。
- 你可能会习惯于将当前遇到的麻烦或挫折归因于过去发生的事，比如你曾经有过悲惨的童年，缺乏支持与鼓励，或没有受到好老师的培养，这会让你免于为当下负全责。

克服这种恐惧的策略

使用下面的策略，可以帮助你克服对承担责任的恐惧：

- 重塑观念

你恐惧的绝大部分来自你脑海中的剧本——它告诉你，你不想遭到责怪。因此，重塑你对承担责任的看法，会帮助你向前迈进。

假如在内心深处，你相信借口会让你免受指责，也许你可以试着对自己说："没人爱听借口，当我愿意承担责任时，大家会更尊重我的工作。"同样的，如果你担心自己对外界环境失去控制，设法对自己说："我或许不能掌控所有事物，但我可以对自己做的选择负责。"

- 采取行动

作为一名爱找借口者，你将会发现，你可以在人生中做的最伟大的行动，就是从此不再抱有寻找借口的想法。每当你想好要为自己做的选择或决定负责，就是一种有勇气的行为。不再找借口意味着终结所有的辩解，不再将矛头指向伤害你的人、你所处的环境，或发生在你身上的麻烦事。

心理学家将上述概念称为控制点[①]的转变。控制点分为内外两种，控制点在内部的人相信自己能够控制自己的人生；相反，另外一些人，相信外部因素决定了他们的状况，个人努力无济于事。于是结果显而易见，控制点在内部的人，更具活力，更有成效，更能在人生中取得成功。这就说明，想要变得积极上进，关键在于为自己的选择负责。

万事开头难，不再找借口和对自己负百分之百的责任，一开始看起来似乎会叫人惊慌，但实践后，你会感到意想不到的自由！当你对自己的人生负起责任，就不会担忧发生在自己身上的事、别人如何对待你，或横亘在你面前的阻碍，因为所有的一切都在你的掌控之中。

建立责任关系

让别人指出你有找借口的倾向，从来都不是一件容易的事，但除了积极寻找责任伙伴外，似乎没有更好的方法帮助你克服这种恐惧。这个责任伙伴可以是你的同龄人，也可以是具有你渴望拥有的素质和技能的老师或导师。

你的责任伙伴或导师会对你讲真话，当你正在找借口开脱时点醒你，当你害怕遭指责和承担责任时，站出来帮助你克服恐惧。理想情况下，你能找到一个帮你指出问题，手把手教你练习为自己的人生和决定

① 控制点（Locus of control）：最初是由美国社会学习理论家朱利安·伯纳德·罗特（Julian Bernard Rotter）于1954年提出的一种个体归因倾向的理论，旨在对个体的归因差异进行说明和测量。——译者注

承担责任的人。起初，这样的改变会让你感到不适，但最终，尤其是在你所欣赏与信任的人的帮助之下，你会发生蜕变。

超越借口

当卡洛琳开始意识到自己爱找借口和不愿承担责任的习惯，正在对她的生活和人际关系产生负面影响时，她明白自己该做出改变了。

为了获得更多专业的指导和监督，她聘请了一位人生教练。教练逐渐帮助她认识到她在生活和咨询业务中逃避责任或找借口的一些方式。卡洛琳一开始很难接受这些反馈，也不愿为自己的决定负更多责任，但当她试着采用不找借口的思维模式做小的决策，然后是做稍大的决定后，她开始感受到从未有过的自由和掌控力。

她第一次真正意义上的重大突破，发生在为一位客户提供咨询的时候。当她刚刚提出公司可以采取的几项行动方案时，这位身为CEO的客户问她："你认为我们该怎么做？"

照平常，卡洛琳一定会避免回答这个问题，只把自己给出的方案重申一遍，同时解释自己只为客户提供咨询。但这一次不同了，卡洛琳直视CEO的双眼说道："如果那是我的公司，我绝对会选择A，而且我认为你应该选这个。"

CEO表示赞同，谢过她的建议后说道："在此之前，我一直以为你会像其他顾问一样，从来不会真正提出自己的观点。"

随着时间的流逝，卡洛琳逐渐意识到，她的客户宁可她给出自己的真实想法，即使有时并不正确，也不愿听她模棱两可、不能帮助他们做决定的建议。她发现客户们尊重她敢于直言不讳的意愿，就算她犯了错，只要愿意承认，客户们也很少为此生她的气。

慢慢地，有责任心对卡洛琳而言变得越来越容易了。

在家中，卡洛琳的丈夫也发现了她身上的转变，一次当卡洛琳说“你知道吗，我觉得你说的没错！我不该那么做，对不起，这百分之百是我的问题”时，他几乎不敢相信这是真的。

这些天，卡洛琳将一个写有“不找借口”的牌子摆放在桌子上方，时刻提醒自己为自己做的决定担负全部责任。如今她看清了自己曾一度为担心承担责任所困，她再也不想重蹈覆辙了。

带着恐惧前行

如需更多关于克服害怕担责和爱找借口的提示，请务必阅读第10、11和20章的相关内容！

第 7 章

悲观主义者

最害怕逆境

你只是你自己想象力的受害者。

——香农 · L. 奥尔德（Shannon L. Alder）

珍妮斯发自内心地觉得上天一直对她不公。虽然她不想向任何人承认这一点，但此时此刻，她觉得自己只是勉强维持生计，过着苟且偷生的日子。

在她的成长过程中，她的家庭生活相当不正常，她清楚地记得自己是多么渴望和祈祷自己的家人能和普通人一样。她所有的朋友似乎都有完美的父母和美满的生活，但珍妮斯的父亲酗酒成性，母亲则终日疲惫不堪。他们的生活算不上贫困，但她的父母似乎总是饱受金钱压力困扰，并时常吵架。

最终，在珍妮斯上七年级的时候，她的父母离婚了。珍妮斯觉得这件事让她抬不起头，所以没有将之告诉任何人，为了保守这个秘密，她从此也不再邀请朋友上她家玩了。

她上大学后，日子过得还算凑合，但当她念大二的时候，却得了传染病。几个月的时间里，她几乎毫无力气，勉勉强强能上课。她的成绩开始直线下滑，奖学金也打了水漂。没有了奖学金，她就支付不起昂贵的学费，不得不放弃学业。

离开学校后，她应聘办公室接待员的全职工作。本以为自己可能有升职的机会，但因为她的上司明显不喜欢她，两次不让她晋升，她只好另谋他职。她在当地一所美容院校报名上夜课，接受美容师培训，并在当地一家酒店的水疗中心找到了一份工作。

她发现自己喜欢帮别人解决皮肤问题，而且对此非常在行。她建立了忠实的客户群，虽然有时她觉得自己更像一名治疗师而非美容师，因为客户们总是跟她聊自己人际交往的烦恼！大多数时候，珍妮斯都是一个完美的倾听者，这就是为什么大家都愿意对她敞开心扉的原因。

在水疗中心工作了几年后，珍妮斯和其他几位同事打算合伙开一家他们自己的小美容院，提供按摩和皮肤护理服务。最初几年一切都顺风顺水，但后来珍妮斯开始察觉她的另外两个合伙人变得越来越亲密，感觉故意要排挤她。有好几次，她发现他们撇下她单独会面，并在没有和她商量的情况下做公司决策，事情似乎不断向不利的方向发展。

不久后，珍妮斯开始了一段时间长达一个月的欧洲之旅，这是她计划多年的旅行。她的合伙人本应该在她休假期间照看她的顾客，但他们非法控制了整个公司，并将珍妮斯从合伙人中踢了出来。

珍妮斯感到心如刀割。

她整整哭了3天，想不明白为什么这些人会如此残忍、自私。

她最终还是回到曾经工作过的酒店水疗中心，但内心的痛苦与愤怒，使她根本无心享受眼前的这份工作。现在，当客人向她诉说自己的苦恼时，她只想偷偷翻白眼，这些人哪里知道什么才是真正的苦恼！

此时此刻，珍妮斯觉得自己已经尽力朝前看了，但命运似乎不断叫她摔跟头。既然世界如此不公平，那么努力又有何意义呢？她已经全力付出，并在过程中备受煎熬。前方看起来没有一丝光明，她担心自己付出努力后，得不到应有的回报。困境令她恐惧，因为这种感觉好像她的人生除了困境之外别无他物。

珍妮斯是个悲观主义者。

悲观主义者原型

无法控制的周遭环境，往往会令悲观主义者深受其害。他们最害怕逆境，外在表现为害怕困难或痛苦。

由于悲观主义者曾在人生中经历过某种苦难、不幸或逆境，无论它们是发生在最近还是过去，他们都有合理的理由感到自己很受伤。但正是这样长期扮演受害者角色，让悲观主义者踌躇不前。

因为非常害怕逆境和困难，加上总认为自己缺乏对自身状况的控制，悲观主义者很容易被他们面前的艰难处境，或具有挑战的环境打倒。他们不但不把眼前的障碍视为成长和忍耐的机会，反而用他们的不幸和困苦做挡箭牌，以此放弃或不再尝试。

悲观主义者往往无法或不愿正视他们的处境，甘愿躲起来避免更多的伤害，具有讽刺意味的是，这样的反应反而会令事情变得更糟。

让悲观主义者看清现状，或跳过自己的伤痛、困苦和艰难环境去观察，是一件很不容易的事。她会觉得其他人都比她过得轻松，要不就是自己比较吃亏。另外，她很可能也看不到自己的受害者心理。

有时悲观主义者会给人很悲苦的印象，他们经常觉得相比其他人，自己拿了一手烂牌，这不禁让他们认为生活根本就是不公平的。悲观主义者同时相信自己是生长环境的牺牲品，他们的命运不在自己的掌控之下。

毫不奇怪，悲观主义者恐惧原型的本质，使得它成为人们最难拥有和接受的原型之一（如果不是最难拥有和接受的原型）。事实上，当悲观主义者被辨认出后，最常见的反应是愤怒、否认和生气。没有人愿意把自己和悲观主义者或受害者画等号，即使这种心态正是困住他们的原因。

我们需要明白的是，悲观主义者原型与其他恐惧原型一样没有好坏之分。这些原型都在某种程度上限制了我们的发展，而我们每个人的内心都或多或少有各个原型的影子。

悲观主义者属于最少见的恐惧原型，3.4%的受访者表示这是他们最主要的恐惧原型，有16.9%的受访者，排名前三的恐惧原型中包含悲观主义者。

积极特征

悲观主义者往往生性敏感，心胸宽广。旁人经常会说他们总是喜形于色，实际上，他们对事物的感知要比其他人更深刻而强烈。

正因为如此，他们通常非常乐于助人，富有同情心，善解人意。除此之外，他们还会与周围人产生很多共鸣。普遍情况下，他们都比较善于交际，是个很好的倾听者，考虑事物有时也很周全。

悲观主义者容易被那些需要照顾他人、与人互动的工作所吸引，需要深思熟虑和创造性的职位同样对他们具有魅力，他们比较多从事的职业包括护士、护理、社会工作、物理治疗师、咨询、美容师、按摩师、美学家、艺术家、教师和作家。

一目了然

悲观主义者

- ⊖ 害怕逆境，看起来似乎一直深陷其中。
- ⊖ 倾向于将困难看作停止的标志，而非提升的垫脚石。
- ⊖ 对自己的处境无可奈何，觉得自己可能往更糟糕的方向发展。
- ⊕ 往往乐于助人，富有同情心。
- ⊕ 有很强的怜悯心，经常是一个很好的倾听者。
- ⊕ 生性敏感，心胸宽广。

习惯和行为

- 常常难以摆脱过去失败的阴影。
- 总是觉得自己的问题没办法解决。
- 把困难看作停止的标志，而非提升的垫脚石。
- 倾向于认为自己比认识的大多数人都要悲惨。
- 经常觉得那些他们无法控制的外在环境阻碍了他们实现自己的目标。
- 当面对困难和挑战时，可能会毫无战斗力。
- 如果事情变得越来越不容易，可能会选择放弃，而不是坚持到底。
- 往往比其他人更能强烈感受到情绪。
- 对批评和困难很敏感。
- 有时会迷失在自己的幻想中。
- 常常避免冒险。

悲观主义者的心声

下列引用的陈述与想法，来自调查对象中悲观主义者得分很高的受访者。

- “我担心自己想做的事很难实现。”
- “我不希望浪费时间和精力，到头来却发现一切都前功尽弃。”

- “我的第一次怀孕过程饱受艰辛，我的医生对我的话置之不理，在他照顾我期间，我感到浑身不舒服，但却没有一个人愿意听我说。这名医生自始至终都没有换走，最后我的孩子在分娩过程中夭折了。我真希望当初能说出自己的想法，听从内心，从那以后，我就一直为失去孩子而郁郁寡欢。”
- “我被生活逼得举步维艰——我得了癌症；我不得不照顾我年迈的双亲；我的家庭从来没有什么积蓄。我有想做的事，但根本不可能实现。”
- “我已经受够了不断的尝试和永无止境的失败，我再也不想经历这些了。”
- “我害怕额外的工作，并且长期处于疲劳状态，不确定自己做的事是否值得。我要养活这个家，同时还要兼顾妻子和妈妈的身份。我有个有特殊需要的孩子，即使他现在已经长大，也不能没有人陪在身边，所以我几乎没法腾出时间做能让自己快乐的事，更别提我还有年迈的父母要照顾，整个家需要打理。”
- “一场车祸结束了我的舞蹈生涯，与此同时我的财政也出现危机，一堆问题摆在我面前。由于受伤，我没法继续经营我的公司。同样因为这个缘故，我从此告别了舞台。我一下子蒙了，不知道自己接下来该何去何从。多年来，这件事都是我心头的阴影，并从许多方面影响我前进。”
- “我不想再给我老公多一个话题来烦我，他根本不相信我，让我觉得自己很没用。”
- “我总尝试一些新东西，但老问题一直会跳出来拖累我。”

这种恐惧原型是如何阻止你前进的

有句话说，感知即是真实。感觉人生不公平或觉得自己的人生比其他人糟糕，对于悲观主义者来说是严重打击。这种感觉或感知，多半来源于真实的困难情况，比如不幸、疾病、背叛或损失，让你无法摆脱。

不过重要的是你需要明白，这些你感觉到的烦恼、愤怒和痛苦，都是合理的，甚至可能是有必要的。尽管如此，任凭困难的环境阻挡自己，并不会给你带去什么好处，而且事实上会让你越陷越深。下列的一些行为，可能会对悲观主义者产生负面影响，阻挠你前进：

- 你容易产生挫败感，不太能够克服困难和挑战。相反地，在“低谷期”，你会无所适从，或感到灰心丧气。
- 有时候，你会陷入自怜的心理循环，觉得自己好可怜，上天对自己不公，或自己的境遇比别人要糟。先暂且不追究事实为何，觉得自己可怜本身就会让你畏缩不前。
- 当感到受委屈时，你不太容易释怀，也很难与他人友好相处。
- 对于那些你觉得生活优于你的人，你很难与之建立积极的关系。习惯认为生活不公平，会导致你嫉妒那些你认为拿了一手好牌的人。
- 害怕苦难和困境，使你习惯于规避风险，即使那个风险微不足道，同时叫你放弃远大目标和梦想，因为光是想到将来需要奋斗，就会令你感到不舒服。
- 要是预感到将要遇到困难，你会觉得紧张和恐惧。

• 那些你曾经遇到的事、你的生活环境，或人们过去对待你的方式，会使你产生固定思路，并决定你对自己能力的判断。

克服这种恐惧的策略

如果你是一名悲观主义者，使用下面的策略可以帮助你克服对逆境的恐惧：

● 重塑观念

挫折、困难，从来都不是什么有趣的事。疾病、不幸、虐待、背叛、悲伤、经济困难、失望、错误、过失和艰苦——人生中可能并确实会发生的可怕的事，简直不胜枚举。其中大多数事，我们甚至都不愿意发生在我们的劲敌身上。

恐怕你已经遭受了太多挫折，不敢再面对更多困难。即使如此，不幸和困难，总是会给你带来好的一面。不要把困难当作停止的标志，你可以把它们看作通往目的地的垫脚石。

可不要理解错了，我们不是说犯错或经历苦难是件好玩的事。关键是不要让害怕面对逆境的恐惧阻挡你追逐和尝试新事物的脚步。

你的恐惧很大一部分来自你大脑中的剧本，这意味着如果你想克服恐惧，就需要重新编制一条新信息。假如你深信自己拿了一手烂牌，那你应该跟自己说什么话，帮助自己改变这个看法呢？同样的，如果因为别人对待自己的方式，让你感到生气难受，或者觉得自己遭到不公平待遇，都意味着是时候重新书写你脑中的想法了。

有时候，不断地积极肯定自己，就已经足矣。其他时候，你可以去听更多积极的信息，比如有声读物或播客里的内容。也可以从经文、礼拜或精神导师那里，获得精神上的帮助。你同样可以从治疗师或咨询师那里得到外部援助。

● 采取行动

悲观主义者原型的重要标志，是觉得自己不得不面对不公平或困难的环境，而这些环境完全不在自己的掌控之内。虽然环境不能总是得到改变——你的遭遇或别人如何对待你——但你可以改变你的回应方式。

像爱找借口者一样，悲观主义者需要建立一个内部的控制点。这么做刚开始或许会比较难，但当意识到无论有谁伤害自己，或发生什么糟糕的事，自己其实都还有另外的选择，会让你获得意想不到的解放！一旦重新控制自己的反应，你就不必担心可能发生在自己身上的事，也不用顾虑其他人会如何看待你，或者你可能遇到的阻碍，因为归根结底，这是你的人生，而不是其他任何人的。

● 建立责任关系

当你正面对不幸、疾病或某种困苦时，很容易看不清现状，常言道“一叶障目，不见泰山”。此时，你会感觉命运好似背叛了自己，人生一点儿也不公平，你碰到的情况比其他人都要糟糕。但真实情况是，虽然每个人遇到的苦难和困境都各有不同，但没有人可以避免，没有人可以与逆境隔离。当你知道自己并不孤单，内心就会得到安慰，并积极寻找朋友或责任伙伴，给予你外部视角来看问题。

根据你所面对的环境，你还可以考虑加入互助小组，从中获得一切想要的答案，包括悲伤、药物滥用到抑郁症、债务减免等。互助小组能帮助你认识到，其他人也有过类似的经历，他们还会为你提供一些你从未考虑过的解决方案。

超越悲观

终于意识到自己正向痛苦和愤怒的深渊里越陷越深，珍妮斯决定寻求外界的帮助。她前去看心理医生，心理医生帮助她对曾经一直认为不正常的童年有了不同角度的看法。

珍妮斯逐渐意识到，她的双亲虽然称不上完美，但已尽了他们最大的努力，并且也做了许多正确的事。她开始更多地对他们所受的压力予以同情，甚至与母亲好好谈了谈心，从中了解到当年身为孩子的自己不太了解的情况。

除此之外，她也终于从被迫退学的痛苦中解脱了出来，并最终对自己坦白，其实自己并不太喜欢大学，而她成绩下滑的根本原因，是对所上的课不感兴趣。同时她也发现，自己真正热爱的是美容事业，她无法想象自己离开这个行业。

对珍妮斯来说，这种感觉好像肩上的重担卸了下来，因为当如今她回顾大学的经历，不禁感激那场传染病，帮助她寻到了一片新的天地。

至今为止，一想到她的商业伙伴，珍妮斯依然会感到怒不可遏，但她的顾问帮她看明白，这份苦恼正在吞噬她的内心，对她自己没有一点好处。于是她决定做出更明智的选择，从此原谅他们，忘掉这件事，开始新的征程。接受这一切并不容易，珍妮斯花了很长一段时间，作了许久的思想斗争，而愤怒终于开始消散了。

与此同时，珍妮斯一门心思投入了酒店水疗的工作中，尽心尽力为她的顾客们服务。她成为团队中最为出色优秀的美容师，不仅工资翻倍，并成为第一个拥有固定客户群的人，她还被酒店老总授予“年度最佳员工”的称号。

前进的过程充满艰辛，但珍妮斯现在明白了，对逆境的恐惧曾如此阻碍着她，她也决定从此再也不让她无法控制的外部环境支配她可以掌控的事情。

带着恐惧前行

你是不是想获得更多信息，从而克服害怕逆境和受害者的心理，重新掌握自己的人生呢？请留意第10、12、14和20章的相关信息。

恐惧原型一览

● 拖延者

主要恐惧：最害怕犯错，通常表现为完美主义或害怕立下承诺。

消极特征：喜欢事情都恰到“好”处，往往花大量时间做调查和计划；难以开展一件事，同样也不太容易感觉任务已完成。

积极特征：能产出高质量作品，做事总是井井有条，对细节高度重视。

● 循规蹈矩者

主要恐惧：过度恐惧权威，通常对打破规则或做“不被允许”的事表现出超乎寻常的厌恶。

消极特征：没按照应该的方式做事，就会感到紧张；会为了遵守规则或维持现状而放弃自己的判断。

积极特征：非常值得信任，富有责任心，拥有很强的责任感和是非观念。

● 讨好者

主要恐惧：最害怕遭人评头论足，这也表现为害怕使人失望，或在意别人的看法。

消极特征：很难说“不”，难以与他人设定界限；做事犹豫不决，害怕别人的评价。

积极特征：通常能得到人们的喜欢，给人们带去欢笑；为人着想，慷慨大方，是优秀的团队合作者。

● 被排斥者

主要恐惧：无法摆脱对被拒的恐惧，或者不敢相信别人——这种恐惧往往表现为在自己可能遭拒之前就先拒绝别人。

消极特征：表面上给人无所畏惧的印象，似乎并不在意别人的看法；有时难以融入集体，可能会自暴自弃。

积极特征：积极向上，容易取得成功；往往具有坚持不懈的精神，愿意承担风险，不太容易因失败而气馁。

● 自我怀疑者

主要恐惧：最担心自己不具备足够的能力，常常表现为极度缺乏安全感，害怕自己不够好。

消极特征：饱受缺乏安全感的折磨，陷在其中不能自拔；通过评价他人，缓解自己的不安全感。

积极特征：工作相当努力认真，会竭尽所能；善良谦逊，富有同情心，是一个很棒的倾听者。

● 爱找借口者

主要恐惧：为承担责任的恐惧所困，通常表现为害怕追究责任，或者害怕遭到指责。

消极特征：宁愿寻找借口也不努力改进，不太愿意做领导或肩负重任，希望别人帮忙做决定。

积极特征：通常是优秀的团队成员，出色的啦啦队队员；比较善于观察，能够从别人的失败中吸取教训。

● 悲观主义者

主要恐惧：最害怕逆境，外在表现为害怕困难或痛苦。

消极特征：觉得对自己的处境束手无策；倾向于将困难看作停止的标志，而非提升的垫脚石。

积极特征：生性敏感，心胸宽广；往往乐于助人，有很强的怜悯心，经常是一个很好的倾听者。

第二部分

勇气法则

当你辨认出自己的恐惧在生活中的独特表达方式，就表明该行动起来克服它了。这个过程始于改变你的心态，同时包括抛掉你对自己和别人的局限思维。

采用一套新法则——勇气法则——可以帮助你实现这一转变。这些法则旨在帮助你重塑观念，并提供一系列新的核心思维，使你能面对恐惧、克服障碍，最终创造你所热爱的生活。

第 8 章

胸怀大志

因为突破性目标是获得和保持动力的秘诀

一个恰如其分的目标，就好像剧烈运动——它使你经络通畅。

——玛丽·凯·艾施（Mary Kay Ash）

9年前，主要是出于心血来潮，我创立了鲁斯·苏库普全媒体（Ruth Soukup Omnimedia），而它最终成为了我的公司。当然，在创立初期它尚不算一家公司！甚至可以说，完全跟公司不沾边。作为一名初出茅庐者，我对自己正在做的事没有丝毫头绪，甚至不知道创办网络企业——一家虚拟公司——是件大事，要不然我压根就不想自己创业。

当时，我是有两个孩子的全职妈妈，想找点事情做做。老实告诉你，那个时候我有点精神失常，绝大部分时候，我只想离开家，去塔吉特百货[1]。于是我们就去塔吉特百货购物，并且时不时光顾。我在店里花了大把大把的钱，超出了合理的范围，所以老公和我为了钱的事经常发生争执。我极其需要做除购物以外的事。我心想，为什么不写点关于“活得更好，花费更少”的内容呢？如果没有别的事可干，不如开个微博找点事做，还能培养我的责任心。

在网络上分享了几周自己的观点后，我很快意识到，网络是一个我未曾了解的新世界，是一个企业家、实干家和网络企业家的世界。当发现确实有人——甚至是其他全职妈妈——通过网络在家中挣大钱时，我也跃跃欲试。

也就是这个时候，我给自己立下了一个远大、让人惊慌、近乎疯狂的目标，我要通过自己刚刚起步的网络业务，也就是注册不久的微博，挣足够多的钱，多到老公可以不必上班。

我无法向你形容这个目标在当时显得多么不切实际。首先，我的先生是一名航空工程师，所以他的收入非常可观。这就是说，我需要挣的收入不容小觑，绝对不是类似他在当地五金店当零工的收入。其次，截至我制订目标的时候，我的生意实际挣得0元，拥有4个读者，其中一个是我自己。

这不仅仅是个大目标，还是个愚蠢的目标，一个“失去理智的女人”立下的目标。当我跟丈夫提及自己的计划时，他就是如此评价的。实际

① 英文名Target，是美国第四大零售商，全球500强企业。“期待更多，花费更少”（Expect More，Spend Less）是塔吉特百货公司的口号。——译者注

上，他的原话是："亲爱的，这是你说过的最不着边际的话，你怎么可能从微博上赚钱呢。"他并不想故意挖苦我，或粉碎我的想象。因为我的这番话听起来的确愚蠢、疯狂极了，完全是个超出逻辑范围的想法。

不过，你知道吗?

我一点儿也不在乎。

在此之前，我制订过各种各样的目标，还记得曾经有一个相当大的目标，是考入排名前20的法学院。但这次情况不同，我设定的目标太大，以至于根本不知道该如何着手。我完全不晓得要怎么将它变成现实，但我决心要想出办法。

我并不介意丈夫对我的看法，朋友们不理解，或者在背后取笑我，我也不放在心上。我需要比以前任何时候都要付出更多努力，但这一切对我而言都不算事。

当我下定决心要实现这个目标，就会不顾一切去努力。

没错，我害怕过。确切地说，是胆战心惊。而且我必须坦诚，我完全不知道自己在做什么。但我心里明白，只要坚持下去，最终我一定能找到答案。我知道船到桥头自然直，即使我还弄不清桥头长什么样。

为什么我们需要突破性目标

在最近一次出差期间，在下榻酒店的健身房里，我花了一些时间在跑步机上跑步。健身完毕，我没有换下运动装备，径直向免费的自助早餐处走去。出于健康考虑，我取了些白煮蛋、新鲜草莓、希腊酸奶和核桃。

排在我身后的男士，忍不住对我选的菜评论起来："哇哦！看起来真健康呀。"

听起来显然不是恭维的意思，不过我还是回以笑容，答道："千辛万苦跑一个小时，才不是为了吃一块华夫饼啊！"

他听后（有点挖苦似的）说："如果是我，就会拿华夫饼。"

我们继续攀谈，我向他解释我曾给自己设定过一个目标，到40岁生日时，我的生活要处于最佳状态，距离那一天只剩下7周时间了，所以我必须做到最好。

"我觉得有目标的确是件好事，"他说，"只要它们能够实现，我认为你不想设定一些太大的目标。"

在那一刻，我努力克制自己想要尖叫的冲动，"你不知道你真的大错特错了！"

我之所以没有叫出声，是因为此时此刻，我没必要在这里和一个与自己毫不相干的陌生人展开一场激烈的辩论。不过事实是，我对他的言论一百个不赞成。

我们的生活需要远大目标！

我们需要目标激励我们，使我们呼吸急促，忐忑不安。目标如果太远大，会让我们感到恐慌，但它同时会令我们生机勃勃，每天早晨都有跳下床的动力。远大目标为我们的生活提供了路线图、指南针，告诉我们哪里才是正确的方向。

远大目标是点燃我们内心的火光！

不知你是否注意到，每当新年伊始，我们总会在心中憧憬新的一年。新的一年，是全新的开始，是崭新的一页，于是我们做出各种决定——一大串在心中许下的愿望。

但是很快，大约到二月中旬，所有我们在新年里重获的能量就开始消退。生活琐事冒出来阻挠前路，日复一日的责任叫我们喘不过气来，我们再也不复当初的激情。我们失去了对梦想的专注，三天打鱼两天晒网，无法在某个领域获得真正突破，让我们感觉完成了某件事。

为什么呢?

我深信，这是因为我们需要远大目标，真正去完成一件大事。

这就是为什么勇气的首要法则就是：**胸怀大志**。

在过去的几年里，我从关于克服恐惧、建立有效且能改变生活的目标中，学习到的最重要的事是，设立一大堆看似能够实现的小目标，反而会让你离大的成果越来越远。

你是否听说过SMART原则呢？我猜应该听说过，这是最普遍的制定目标的原则。该原则认为，你制定的目标必须是具体的（Specific）、可以衡量的（Measurable）、可实现的（Attainable）、与其他目标具有相关性（Relevant），并有明确的截止期限（Time-based）。这就表示，你必须非常明确自己将要执行的任务，你的目标能够通过某种方式进行衡量，它必须是你力所能及的事，它必须对你来说有价值，同时它还应该有时间限制。

这个SMART原则表面看起来非常实用——我猜在某些方面，它的确具有实用价值——然而正是因为它的可行性，使它缺少了制订目标中最重要的部分，那个能让你获得并保持动力的部分。

制订目标最重要的部分就是往大处想，然后设立突破性目标——一个能敦促我们离开舒适区的目标，或者一个至少对我们而言，不太确定能否实现的目标。要敢于相信我们潜能无限，敢于突破我们现在的极限，创造令人惊叹的东西。要敢于制订让我们自己都吓一跳的远大目标，那些会让我们呼吸急促、忐忑不安的目标。

这些才是能够激励我们的目标。

你会发现，当立下中规中矩、自己能够实现的目标，我们就已经对自己的能力有了先入为主的看法。我们这么做，并没有把自己推出舒适区，而是安于现状。这个目标不包含一丝内在动力，尽在我们的掌握之中。它不需要我们为此自我突破，或者做出改变，付出比先前更多的努力，自然我们也不会如此做。事实上，我们有时（常常）不那么努力，只做最低限度的工作，我们容易倦怠，失去注意力。

但当我们制订并着手于一个远大目标时，因为这个目标过于远大，会令我们感到些许不安，我们会被迫离开舒适区，置身于未知的境地。这样的感觉是不是很让人惊慌？没错！但它同时会让人感到朝气蓬勃，好像蓄势待发。没有任何其他事物，可以像这样让我们如此努力工作，保持高效运作了。

事实是，胃里翻腾以及呼吸急促，都是恐惧，但这是一种有益的恐惧——当我们需要做我们认为自己做不到的事时，这种恐惧就会现身。

那么，要是你在通往目标的路上并没有产生这种感觉呢？那我敢说，你计划的目标还不够远大！我建议你胸怀大志，再多努力一点点。

消除自我评价

当然，在制订更远大的目标时，你需要采取的第一步，就是允许自己想象所有的可能性。这里的意思是，希望你让自己天马行空地想象，丢掉自我定义或自我评价。

老实跟你说，对于大多数人而言，这个部分是最困难的。

我们对自己太吹毛求疵了，害怕真正去想那些可能性。我们在有机会做梦之前，就对自己说，我们的梦想是愚蠢的。

或者可能是我们在现实生活中陷得太深，我们现在所处的位置——包括所有责任、限制、挫折和阻碍——让我们无法展望未来，哪怕只是几分钟就能让事情变得不同。在我们的心中，实际状况是我们唯一的现实。

但你想错了！可能性无处不在，无数扇门正等着你去打开和探索，无论目前你的生活如何，你唯一的能力限制，就是你是否有意愿追求远大梦想，然后埋头奋进。

因此，给你自己追求远大梦想的权力吧，抛下自我评价和自我定义，开始问自己一些重要、发人深省的问题，比如下面的问题：

- 我一直想做什么?
- 有哪些是我感兴趣或充满热情，却自始至终不敢去做的事?
- 如果前方没有阻拦我的事物，我会做什么?
- 什么事会使我产生动力，或让我早晨能激动地从床上跳起来?
- 在生活所迫之前，我梦想要做什么事?
- 我希望自己5年或10年后在什么地方?
- 我的人生终极梦想是什么?它会是什么样子?

有意识地选择，哪怕只花上几分钟时间，关掉所有盘旋在你脑袋里的那些声音，那些不管三七二十一就对你说“这不可能”，或者“这么做很愚蠢”，或者“你以为你是谁，可以这么想”的声音。把它们都关掉，然后展开想象。不带丝毫畏惧，不顾虑事情的可行性，不担心你将如何才能达成，不要自我设限。让自己展开无限遐想，即使它们疯狂而不切实际。

允许自己往大处想。

想要有所渴望

虽然这在理论上听起来很简单，但我知道在实际操作中，思考远大目标对很多人（尤其是妈妈们）而言，是件非常非常困难的事。在和朋友们的聊天中，他们告诉我，他们花费了相当多的时间照顾身边的每个人，这让他们觉得自己好像在这个过程中迷失了自我，他们甚至都不知道自己想要什么，或者应该要什么。

事实上，就在几个月前，我的一个朋友跟我说她可能抑郁了，因为她觉得自己活得没有意义。在过去的14年里，她倾尽全力做一名母亲，如今孩子长大变得更独立了，她对如何做自己毫无头绪，更不知道除了“母亲”的身份之外，自己到底是谁。

“我想做一些重要的事，”她说，“一些自己在意的事。我看到其他的妈妈都在做一些很酷的事，可我一点不知道我该做什么。”

另一个朋友很简明地对我说：“我想要有所渴望。”

后来我才意识到，这句话本身就是一个远大目标！实际上这是一个巨大的目标——也许是最大的目标。敢于发掘自己的需求，绝对不是胆小鬼的专长。

但是如果你发现自己说过类似的话，这或许就意味着，弄清楚自己到底是谁、真正想要的东西是什么，就是你现在需要实现的远大目标。这也许表示，你要为自己花费一些时间——计划一次个人内省，或一两天静静地思考。这可能说明，你要写写日记，或阅读一些自己感兴趣的书籍。这或许意味着，你要上一堂课或听一次讲座。这也可能意味着，你要去向专家咨询，或雇用一个人生教练。

不过首先，你必须把它看作一个大目标——也许是你人生中最大的目标——然后付诸实践。

行动是治疗恐惧的解药

当然，一旦你发现了自己的这个远大目标，就需要迈出至关重要的另一步——采取行动、付诸实践。目标缺少了行动便会一文不值，无论你的远大目标在最初看起来多么令人惊慌或不切实际，我敢保证，采取行动——任何行动，无论有多么微小——是克服犹豫的最快方式。“行动是治疗恐惧的解药”，请将这句话牢记于心。

采取行动表示你需要重新进行你的日程安排，将你的远大目标放在每天的首要位置，然后开始不遗余力地把梦想变为现实。这也许意味着你需要每天早起，需要拒绝其他事物，把阻碍你实现目标的机会和干扰降到最低。这可能有时意味着，你要将那些你很想做的事放到一边。

这将意味着，你要去补课充电或重返校园，另谋其他工作或接受其他类型的风险。这可能意味着，你要在储备、训练或旅行上投入相关费用。这几乎明确意味着，你需要每周腾出一些时间——甚至可能每天——让自己离终点线更近一步。

另外，这肯定表明，当前路变得崎岖不平，或者有障碍物挡住你的去路，你依然要坚持不懈，并且让自己更勇敢、脸皮再厚一点，以面对人们的不理解。然而，当你全神贯注朝着目标奔跑，这些事物就不再是负担和累赘了。你将欣然以对，明了前路虽然艰险却值得自己一试。

以我自己为例，鉴于我要开始自己的事业，将目标放在首位意味着我需要每天凌晨3：00就起床，即使是周末也是如此，这样我才可以有时间经营我的初创企业，还不落下身为妈妈的工作。这表示我要学习一切关于创立网络公司的知识，并不断尝试新事物来寻找可行性，虽然失败成了家常便饭。我不但需要离开舒适区，参加各种会议搜寻机会，甚至尝试将自己用优惠券购物的视频上传优酷，还不得不牺牲大量空闲时间，减少娱乐和朋友聚会。

但对我来说，这一切都是值得的，即使在那一刻，我不一定感觉那么开心或舒服。后来的结果是，这些牺牲以无法想象的方式给予了我回报。2013年，在我突发奇想开始创业两年半后，我的丈夫能够辞退工作，而当初看起来疯狂、异想天开的目标变成了现实，让我更有信心去做更大更疯狂的梦。

话说回来，如果结果并非如此，我也不会为自己所做的牺牲感到遗憾，时至今日也不会后悔自己做的一切，哪怕一分钟也没有。我会为自己的努力感到骄傲，而且事实也证明，目前为止我人生中的大多数快乐都来自奋斗，来自克服挑战、超越障碍。

因为这些远大目标是令人生变得有意义的原因，即使我们没有完全实现它们。是它们激发了我们的热情，让我们早晨兴奋地从床上跳起来！是它们让我们不断前行，即使心情郁闷，遇到了困难或痛苦。

这些需要突破自我、努力拼一把的远大目标，赋予我们力量去创造一个我们热爱的人生，而不是过苟且偷生的日子。

所以行动起来吧！要胸怀大志。

因为突破性目标，是获得和保持动力的秘诀。

第 9 章

敢于打破规则

因为你不应该害怕为自己考虑

随着你长大，身边的人会告诉你，世界有其法则，你只需遵从这个法则生活就好。尽量不要太特立独行，拥有一个美好的家庭生活，有点乐趣，有点积蓄，但这样的人生太局限了。事实上，周围那些所谓的生活，都是不比你聪明的人定义的。一旦发现了这个简单的事实，你的生活会变得无比广阔。你可以改变你的人生，可以影响并左右它……一旦明白这一点，你将重获新生。

——史蒂夫 · 乔布斯（Steve Jobs）

规则都是给笨蛋们定的。

这听起来很叛逆，是不是?

有意思的是，我的这条小咒语，起初只是一句玩笑话。当时我和丈夫正在讨论一则新闻里的故事，我记不太清其中的细节，只记得这个故事也是叙述某个打破常规的人，最后非但没因此遭遇不测，反而从中受益。这些人之所以能成功，就是因为他们打破了规则。

“哦，亲爱的，”我说，“你知道吗，规则都是给笨蛋们定的。”

我们相视一笑，继续讨论下一个话题。但就在此后不久，这句话再次应验了。另一个新的故事，另一个人打破了规则并从中受益，再次向我证明，跳出固有思维是成功的关键。

不止一次，我的内心对自己说：“规则都是给笨蛋们定的。”

最终我开始接受这句话，因为它得到太多事实证明了。

回顾往事，我在自己二十出头时，曾经历过一场可怕、极度消沉的抑郁。我几次企图自杀，最严重的一次是陷入昏迷，醒来的概率不到10%，当时我简直一团糟。

那次抑郁期间，我有两年多在精神病医院进进出出，我对未来失去希望，也找不到活着的价值。

不过在那期间，我也完全失去了按规则办事的概念。

大多数时候，我们都按照一套既定的规范运作。我们以固有的形式交流，以固有的形式穿着，遵循规章制度，并自我评价和自我反省。我们不敢搅乱现状，我们关注其他人在做什么，努力让自己的行为与大家保持一致。一言以蔽之，我们中的绝大多数都是循规蹈矩者，不管我们自身是否意识到这一点。

但当我第一次发现自己住进精神病医院，意识仍然清醒的那部分我，意识到自己已经近乎疯狂，突然间所有的规则对我也不再适用了。实际上在医院里，病人们穿着浴衣四处走动，在角落里兜兜转转，在大庭广众之下谩骂、发脾气、哭闹，有时候甚至互相扔椅子寻开心。发疯的人不适合既定的规范。当踏上了这片疯狂的领土，我再也不必担心其他人在做什么了。

从某种可怕的角度来看，这是一种奇怪的解放。

虽然我早已从那场抑郁中恢复，重新返回“正常”人的世界已经超过15年，但对当年的那一课，我依然记忆犹新。

要敢于打破规则，这是勇气法则的第二条。

实际情况是，我教育孩子时也会用到这条法则，而很多人告诉我这完全是在发疯。“如果事与愿违，或者他们不再听你管教，你该怎么办？”他们问。

实话告诉你，我正在等校长打来电话的那一天，因为我的一个孩子（我很肯定会是我最小的女儿）决定在一个错误的时间分享这条人生哲理，所以在这里我需要澄清。

我真正教给孩子的，不是说所有的规则都很愚蠢。我告诉他们，世上的确有很多很棒的规则，有很多非常重要，我们必须遵守。但世上也有很多无聊的规则，它们多半毫无意义，是有些人制定出来，仅仅为了让他们自己显得很重要，或者因为约定俗成，或者因为它们在当时讲得通，但并非任何时候都如此。

我希望培养他们一种健康的质疑精神，以及质问权威、探讨现状的意愿。我从不希望他们因为别人说这是规则，就随波逐流、盲目跟风。

我希望他们明白，自己完全可以按照自己的意愿做事。

拥抱常识

读到这里，你应该已经发现了这个简单的事实：仅仅因为有人说它是正确的，或者因为它在网络上传播，或者因为“每个人”都不断把它当真理，并不会把它变成正确的。

这就是有益的老式常识和批判性思维能力如此重要的原因了。下回你要是再听到某些“每个人”都在议论的话题，或都为之恐慌的话题，请问问自己，这可信吗？这是不是有人故意挑起的事端，或制造危机感？对这个问题是否会有不一样的观点？

我对你的情况一无所知，但我觉得互联网和社交媒体的兴起，直接导致了常识的缺失。在我们生活的许多不同领域，类似杞人忧天的心态几乎无处不在。

当怀上我的第一个女儿时，我加入了一个名为BabyFit的在线论坛，这里有成千上万的准妈妈们——我们大多数都是第一次当妈妈——在讨论包括怀孕、分娩有关的话题，经常无休无止地讨论。

事情是这样的，当进入“2006年8月”聊天室后，我感觉好像找到了归属感。第一次怀孕是种完全陌生的体验，我摸不着北，感到非常孤单，极其渴望听到别人告诉我，我现在所经历的一切都是正常的，“没有问题的”。除此之外，因为是第一次当妈妈，我也迫切想确认，自己所做的都是正确的。

于是乎，每天有40多次，我会登录聊天室，与所有我的新朋友交流有关怀孕的话题，提出自己的困惑，阅读然后回复其他人贴出的问题。

哎呀，我的天！我每天至少会被新出现的危机吓到一次。比如宝宝胎动不够，我的运动量不足，让狗狗睡在自己的床上会伤害到宝宝，抑或是我应该摄入哪个品牌的产前维生素，还有我的脚踝是否太肿。

当8月的脚步临近，事情变得更加糟糕了，我们也终于迎来了生产的时刻。聊天室里首先是各种分娩计划、生产剧情，以及巨细无遗的生产故事的分享，紧接着是一百万个新生儿状况要担心。除了这些，往往还有延伸辩论——经常争辩得如火如荼——话题包括母婴同床、母乳喂养、亲密育儿，和所有我们可能会对孩子造成永久伤害的方式。

而我，则把所有得到的建议当作福音真理。毕竟，如果每个人都这么说，那么我听到的这些应当是正确的，不是吗？

一天，我的丈夫查克，虽然在此之前一直对我荷尔蒙每天一变的怀孕期和新手妈妈的反常行为富有耐心，但那一刻终于克制不住，爆发了。

“你为什么要浪费时间，听网上这些随机遇到的女人说话？”他问，“你不觉得她们其实不比你懂的多多少？人类已经有几千年生育孩子的历史，远远早于BabyFit的出现，我们会知道怎么做的！”

虽然当时我没能立即承认，至少无法赞同他，但我很快就意识到他说得一点没错。我把初为人母看得太认真了，我的情绪过分紧张，对自己的能力极度不自信，以至于我丢掉了所有常识，将直觉抛到九霄云外。

责任感重重地压在我的肩头，我害怕极了，宁愿相信别人能为我解答我本可以自己解答的问题。

自那次爆发后不久，我就永远告别了在线聊天室，决心从此开始相信自己的直觉和常识。你猜后来怎么样？我的女儿玛吉今年已经12岁了，她一切都很好。这一路走来，我的每一个决定是否都准确无误呢？当然不是。身为母亲，我有无数愚蠢的行为，而且我相信，我还会定期犯错。然而学会相信自己的直觉，并开始运用常识，绝对是正确的一步。而且我要告诉你，这么做还能大大缓解压力！

这里举的例子或许有些极端，但我逐渐发现，同样类型的故事不断在我们的生活中上演，无论是在工作中，还是在教堂，甚至在新闻里一样能够看到。人们总爱随大流，很容易变得人云亦云，忘记了应该停下来问问自己，“每个人”说的那些是否是真的。

质疑权威

就像在与人交流和面对群体思维时，我们需要相信自己的直觉、运用常识一样，我们同样需要质问来自有权势者和权威的规则。

有时候我们很难做到这一点，尤其当我们一辈子都被告知要做与之完全相反的事时。长辈们告诫我们要尊重权威，遵纪守法，安分守己，这样就能免于麻烦。

然而权威无处不在：有政府的权威，我们必须遵纪守法，成为守法公民；职场也有权威，我们工作时必须按照规定；上帝同样有权威，我们要遵守他的规定，将之作为信仰的一部分；还有一些权威来自我们的父母、教练、导师，或者其他地位高于我们的人。这些权威中的大多数都是合理的。不是所有的权威都无益处，也不是所有的规则都毫无用途。事实上，如果没有一些规则和既定规范来约束我们的行为，这个世界将会乱作一团。没有人希望生活在一个类似《行尸走肉》中场景的世界。

当然，并非所有的权威都给我们带来益处，但我们中很少有人会停下来思考其中的不同。大多数情况下，我们毫无异议地接受权威为我们制定的规则，它们不一定总是受到我们的喜爱，但我们从未对其产生质疑。

遵守规则是个默认选项，是我们求生的本能。质疑我们的上司或无视他们的规定，会导致我们被降职或解雇，所以我们乖乖服从命令。不遵守法律会被逮捕，所以我们选择不惹麻烦。

但是，如果权威错了怎么办？如果规则与我们的判断相左，或者更糟糕，它们违背了我们的良知怎么办？我们敢对此质疑吗？

20世纪60年代，耶鲁大学曾对此进行过一项著名实验。研究人员斯坦利·米尔格拉姆（Stanley Milgram）想研究当权威人士告诉受试者去做的事有违受试者本人良知时，受试者是否愿意服从。

在这项实验中，受试者被告知他们正在协助一项记忆实验。他们的工作是，每当测试记忆者回答错误时，就施加给他们更高伏特的电击。现实中，这些测试记忆者都是演员，并没有实际遭到电击。随着电击的电压提高，演员会用更大的声音喊叫，直到电压数达到最高值，他们会突然沉默，制造昏迷的假象。

如果受试者表示拒绝继续调高电压，权威人士会对他们说类似这样的话：“请继续。”“这个实验需要你继续进行，请继续。”米尔格拉姆发现的结果相当令人震惊。有65%的受试者听从指示继续增加了电压强度，即使这么做违背了他们的意愿，而且明显令他们感到不适。[1]

这项实验后来又以其他不同形式进行了数次，但结果都如出一辙。通常来说，有三分之二的受试者会听从地位高于自己的人的命令，虽然这有违他们的良知，或者他们自身更好的判断。

听起来很吓人，是不是？当了解到这项实验的灵感来自大屠杀时，你会感到更可怕。米尔格拉姆设计这项实验的初衷是他想弄明白，为什么当时在纳粹德国有这么多人愿意参与这场史无前例的暴行。

权威并不总是一无是处，但我们绝不能盲目服从，或不动脑子听信。说到底，我们有责任确保自己至少愿意积极质疑权威，即使这么做会让人感到不舒服。

敢于与众不同

老实告诉我，你勇敢打破常规的次数是多少？仅仅因为某件事从来都是如此进行，并不表示它需要一直这样继续下去。仔细思考就会发现，

① 参见斯坦利·米尔格拉姆（Stanley Milgram）：《对权威的服从：一次逼近人性真相的心理学实验》，纽约：哈珀与罗公司，1974年。

人类社会中几乎所有的伟大发明和科技进步能得以出现，全要仰赖那些敢于与众不同、以一种全新的方式做事的人。

但想要与众不同，谈何容易。没有人希望自己看起来像个异类、怪人，抑或被说三道四或沦为笑柄。不过话又说回来，为什么不愿意呢？仔细思考一下，如果这么做，我们真正会失去什么呢？为什么不挑战极限，看看自己究竟能走多远呢？为什么不做一些新的尝试呢？你有没有想过，最糟糕的结果又会是什么呢？

刚创业不久，我受邀加入由一家大企业赞助、在当时颇具声望的网络公司合作项目。

作为网络公司界的新人，我感到相当自豪，尤其当这家大企业决定推出全新计划，并亲自打电话邀请我作为新计划的成员时，我感觉自己好像跻身精英中的精英行列。据我所知，如果成为该计划的成员，我和我的公司将得到大力吹捧，我的个人财富也将翻一番，我简直兴奋极了。

但是有个小问题。

成员中有4名女性组成的小团体，她们掌握着绝大部分权力。她们的公司已初具规模且小有名气，如果这个情况放在初中（相信我，有时候它就有这种感觉），这些女性会是班上最受欢迎的女孩，每个女孩都想要成为的对象。

然而不幸的是，自我们见面的那一刻（在一个令人痛苦而尴尬的寿司晚餐中），这4名女性似乎就不喜欢我。我不知道其中的原因，也许她们认为我不应该与她们平起平坐。相比于她们的公司，我这家新创公司根本一文不值。也许她们觉得我个子太高了，也许她们只是一群斤斤计较的女孩，也许这是因为我从未真正进入她们的圈子。这么多年过去了，我依然对此毫无头绪。

但她们的权势很大，或者至少在当时看来就是如此，这个4人小团队说服赞助商聘请她们当顾问，管理这项新计划。

她们做的第一件事就是不邀请我。

我感到伤心欲绝。我觉得自己的人生自此走到了尽头，这就好像事业成功的通行证从我的手里溜走了一样。

但就在这时，我的丈夫再次点醒了我。

“你为什么要在乎那些刻薄的女子怎么看你？”他说，“谁在乎别人在干什么？你只管做自己想做的便好，只要做自己。”

和上次一样，他讲得很有道理。

所以我再次接受了他的建议，我退出了团队，不再试图效仿同领域的其他人，而是完全专注在自己的事上。

结果是，我的公司以指数形式增长。

不仅如此，每一个加入那项我未受邀的计划的人，都告诉我他们非常讨厌这项计划。事实是，对于其中的大多数人，这项计划最终变成了庞大的累赘，常年令他们分散精力，非但没使他们的事业得到发展，经济上的收益也屈指可数。当我的事业开始腾飞时，他们却停滞不前。其中有许多人，甚至完全放弃了事业。

那个人本来可能是我。

好在我提前退出了，此刻我意识到，做自己想做的事不仅没有问题，而且在大多数时候，这么做比什么都好。

因为规则都是给笨蛋们定的。

当整个世界都被情绪或恐惧控制时，特立独行，或思考并拥抱常识，不是一件那么容易的事。当每个人都告诉你维持现状时，做到质疑权威、打破常规，需要的是真正的勇气。

不过，别人的规则不一定要成为你的规则。就这点而言，我的规则也不一定要成为你的！

所以请你勇敢地走自己的路，因为你不应该害怕为自己考虑。

第 10 章

永远做自己的主人

因为你对自己所做的决定有绝对控制权

从长远角度来看，我们塑造了我们的生活，同时塑造了我们自己。这个过程永不停歇，直到我们生命的终结。所有我们做的决定，根本上都是自己的责任。

——埃莉诺·罗斯福（Eleanor Roosevelt）
《从生活中学习》（*You Learn by Living*）

2014年10月，艾利逊·托佩尔韦恩（Allison Toepperwein）终于鼓起勇气结束了折磨她的婚姻，成为了一名单身妈妈。这个过程相当痛苦，充满恐惧与艰辛，她无法想象比这更糟糕的事。

但是她错了。短短几个月后，34岁的她，被查出患有早发性帕金森病，一种破坏性疾病，目前还没有治愈的方法。独自抚养年幼女儿的艾利逊，突然必须面临一个现实问题，她可能无法再照顾孩子多久了。

她感觉就像天塌了一样。

2014年的元旦前夜，她一直哭到睡着，脑海中不停想着自己恐怕再也撑不下去了。

但当第二天她醒来，一缕阳光透过窗户照进屋内，崭新的一年拉开序幕。就在这一刻，艾利逊下定了决心要振作起来，无论疾病多么严重，无论预后结果多糟糕，她都要顽强地生活下去。

她预约了国内顶尖的神经科医生，这位医生专门从事帕金森病研究已有20年。他告诉艾利逊，虽然帕金森病没有治愈方法，但锻炼身体被证实能够减缓病情的发展。

于是艾利逊听从医生嘱咐开始锻炼，即使当时几乎毫无力气。她选择爬附近高中田径场看台的台阶，并循序渐进，每次都比上一次更努力一些。令人意想不到的是，锻炼使她变得更富活力，她继续努力增加运动强度。

最终她的身材变得完美匀称，不止一次受邀参加《美国忍者勇士》（一档闯关真人秀节目），而她也是第一位登上该舞台的帕金森病患者，在节目中，她的个人经历感染了数千名与她一样正与帕金森病抗争的人们。

这是一个令人称奇的故事，在很多方面都鼓舞人心，然而最重要的一点是，艾利逊用身体力行告诉我们，不要让外界因素决定我们的人生。她认识到，虽然自己不可能控制一切，但却能控制自己如何前进，如何面对摆在她面前的障碍。她拒绝向不幸的遭遇投降，而是使出浑身解数，全力以赴迎接挑战。

艾利逊·托佩尔韦恩真正做到对自己的人生负全部责任，她的故事值得我们所有人学习和借鉴。而这，也是我们勇气法则的第三条——永远做自己的主人。换言之就是：停止扮演生活的受害者。

撕掉受害者的标签

我们不希望把自己当成受害者，毕竟“受害者”一词包含许多负面含义。受害者软弱无力、爱发牢骚，常常陷在受害者情绪中不能自拔。

可是，我们很多时候会无意识地给自己贴上受害者标签。我们以此将自己没能成功、没法追求目标和梦想、没能完成我们想做的事合情合理化，就像内心叙述一样，甚至在我们尚未意识到之前就表露了出来。它们看起来如此恰如其分，我们甚至不会觉得自己是在找借口。

作为本书研究的一部分，我的团队曾询问过调查对象：“在实现梦想或完成目标的过程中，你觉得什么阻碍了你？”

以下是一些最常见的回答：

- “不能花时间陪伴家人，让我感到很内疚。”
- “太多其他重要的义务。”
- “金钱与机遇。只有时间能证明一切。”
- “我们家庭出现了经济危机。”
- “我必须全职工作，才足够缴纳我的健康保险。”
- “其他家庭成员、朋友、社会，以及我的工作。”
- “缺乏资金和时间。”
- “我丈夫会影响我。”

- “因为残疾，没有什么力气。”
- “缺少时间，需要受到更多教育。”
- “家里有太多垃圾食品，没有足够的时间锻炼。”
- “我目前的家庭状况，缺钱，缺乏睡眠。”
- “新出现的健康问题和老毛病。”
- “我丈夫6年前去世了，他本来是我目标和梦想的一部分。我想自己可能患上了抑郁，而且我还有一些健康问题。”
- “自卑，我的伴侣不支持我，太多账单要付。”

超过10%的调查对象表示金钱或经济问题是阻碍他们的首要原因，另有10%的人将责任归结于他们的家庭和伴侣，有10%的人提到了时间不够，还有5%的人举出了健康问题、肥胖或精力不够。

从表面上看，这些理由大部分听起来都非常合乎情理。毕竟，对于一个罹患疾病或身有障碍的人，谁会责备他没去追寻目标？一个经济拮据的人，哪里会去做一些不切实际的美梦？如果要处理一大堆家庭问题，一个人怎么会有什么远大梦想？

这些都是现实问题，实际困难，真正的障碍。

然而，再完美的借口，终究也只是一个借口。

只要为自己不采取行动寻找理由，你总是能找到的，借口对于每个人都是取之不尽的。没错，有些人天生拿了一手烂牌。而且我承认，生活有时候确实对每个人不公平。但整天牢骚满腹、怨天尤人，并不能改变什么，况且我敢保证，还有很多人遇到过更糟糕的情况。

反过来，你不必细心寻找就会发现世上到处充满励志人物，他们战胜逆境、克服极端阻碍，最终取得了难以置信的成功。

奥普拉·温弗瑞（Oprah Winfrey）出生于密西西比州农村，母亲是一个年轻的单身妈妈，生活异常困顿，小时候她遭到虐待和忽视，14岁时她曾诞下一个孩子，但孩子出生后不久便去世了。尽管面对极大的困难，她还是获得了上大学的奖学金，可随后她开始第一份工作就被解雇了，她被告知自己将永远无法胜任新闻工作。

J. K. 罗琳（J. K. Rowling）在撰写《哈利·波特与魔法石》的初稿时，还是一个穷困潦倒的单身妈妈，虽然她只能勉强维持生计，却依然不忘朝着自己的远大梦想奋力奔跑。当她终于完成书稿期待出版时，连续被12家出版社拒之门外，最后终于有一家出版社向她抛出了橄榄枝，从此，这本书成为有史以来最畅销的儿童读物。

贝瑟尼·汉密尔顿（Bethany Hamilton）本来有望年纪轻轻就当上冲浪明星，然而一件令人意想不到的事情发生了——她遭到虎鲨袭击失去右臂，差点因此丧失性命。面对如此巨大的创伤，大多数年轻人恐怕都会选择放弃冲浪，但贝瑟尼没有。她从头开始学习冲浪，并最终赢得了数届职业冲浪冠军。

克莉丝·卡尔（Kris Carr）如愿成为了一名年轻漂亮且成功的销售主管，却在此时被诊断出患有无法治愈的晚期癌症，被医生判了死刑。她没有因此放弃治疗，而是多方听取建议，彻底改变自己的生活方式，采取素食，并做全方位治疗。如今，15年过去了，她觉得现在的自己比以往任何时候都要健康。

所有这些鼓舞人心的人物都有一个共同之处，他们都拒绝让境遇决定自己的命运。他们意识到，虽然自己不可能控制一切，但能控制自己如何前进，如何回应摆在面前的阻碍。

他们并没有创造什么奇迹，他们也没有超能力，他们只是一群普通人，一群拒绝扮演受害者的普通人。

别再等待援救了

我们的文化追求英雄主义，崇尚英雄们奋不顾身施展营救和充满戏剧性的救援活动。实际上，英雄主义已经牢牢根植于我们的思想中，没有英雄主义的故事让人无法想象。没错，英雄是每个童话故事的核心：处于危难之中的姑娘，一定会遇到一位英俊的王子出手相救；灰姑娘会有她的仙女教母；甚至阿拉丁也有神灯中的精灵，让他实现三个愿望。

每一个伟大的故事，都需要一个英雄人物，对吧?

或许这就是童话故事的构成，不过渴望英雄、期待援救的想法，已经渗透到我们生活的方方面面。你是否察觉到自己曾期望被星探挖掘，或者更美好的，期待自己奇迹般地脱离当下的处境，进入一个更好的生活状态?

也许你希望老板能认可你的努力，给你梦寐以求的晋升机会；抑或希望你的家人或朋友能提供你引导或协助，让你摆脱困境，不然就是能给予一点点帮助；抑或暗自期待能发现自己具有某种潜在才能；抑或只是希望有人，这个人可以是心理医生、牧师、生活教练，他们能给你指引方向。

如果我们能找到某个人来拯救自己，那不是一件天大的好事吗？

但等待援救就是问题之所在，因为生活并非如此运转！大多数时候，我们周围的人都在忙着处理自己忙碌、杂乱、坎坷的人生，根本无暇腾出手来拯救你。于是到最后，等待援救变成了另外一种借口！就像扮演受害者一样，告诉自己我们不会做是因为没有别人帮助，是另一种更大的谎言。

你根本不需要什么英雄，因为你不是处于危难之中的少女！

等待援救不会给你带来任何好处。你是不是想要得到那个晋升机会？那就快去工作，让自己配得上晋升，然后再询问老板。你是不是觉得自己一筹莫展？那就着手做些不一样的事，任何事都行，并采取必要措施解救自己。你是不是希望自己可以发挥才能？那就开始发挥它。录张样带，写一本书，找个经纪人，走出去并让梦想成真。你要记住，行动是治疗恐惧的解药，而且无论何时，唯一能够阻挡你的，只有你自己。

因为你猜怎么着？你要成为你故事中的英雄！

重新取得控制权

“这不是我的错！”

告诉你，如果我的孩子每说这句话，我就能得到一美元，那我现在一定是一个超级有钱的妈妈！因为，每天至少一次——通常是更多——我们都需要讨论关于承担责任的问题，并教孩子意识到他的行为会产生后果，虽然孩子们无法控制事物或其他人做什么，但他们可以控制自己的反应。

身为一名母亲，我有时觉得自己就像坏掉的唱片一样没完没了地喋喋不休，并且反复问自己，他们是否会真正明白我在说什么。如果你的家中也有小孩，相信你也会同病相怜。然而现实情况是，对所有发生在我们生活当中的事有责任心，对我们每个人而言，都是相当艰难的一课。

毕竟，当事情出现差错，当我们错失目标和期望时，人本能地会将责任归咎于他人或外界因素。我们的第一反应就是抱怨他人对待自己的方式，或抱怨一切都对自己不公平——不公平的待遇、不幸的外部条件、经济拮据——然后一个接一个地寻找正当、合理的借口。

把矛头指向外部因素，比承认自己的缺点容易得多。当事情变得难办，直接放弃固然会比较轻松，尤其当我们有一个完美的正当理由不再继续。如果承认自己输了，还有谁会指责我们呢？

但这就是为什么，对自己遇到事情后的反应负责，是一种具有勇气的行为。这么做是终结自己的所有借口，是拒绝把自己的遭遇归咎于伤害你的人、发生在自己身上的坏事，或生命中遇到的死亡、疾病和不幸，或不得不申请破产、失业，以及永久残疾。

不仅如此，这么做是选择每天都为自己的决定负责，不再将责任推卸给别的人或事。这么做是承认一个简单的事实：无论你身处何种境遇，你都能控制自己的反应，不管何年何月。

还记得第6章中提到的控制点的概念吗？在《高效的秘密》一书中，作者查尔斯·都希格（Charles Duhigg）同样谈到了这个概念在完成任务和实现目标时的重要性。他解释了控制点在内部（相信自己的选择在自己的控制之下）和控制点在外部（相信自己无法控制自己的选择）之间的区别，以及它们各自对我们生活产生的影响。

毫无疑问，控制点在内部的人，更有动力，更具成效，更能成为生活的赢家。想要变得更有动力，往往只需对自己的选择负责就可以了。正如都希格所解释的："想要更轻松地教会自己如何自我激励，我们不仅需要把自己的选择看作控制的一种表达方式，还需将其看作对我们的价值和目标的肯定。"

都希格继续用实例解释了，那些有点"叛逆"，违反严格规定和固定时间表的养老院老人，无论在心理还是身体方面，都比那些顺从、听任一切安排的老人要好。作为人类，我们天生具备做出选择和练习控制外界因素的能力。

虽然这听起来似乎很可怕，但设法对自己的人生和境遇完全负责，会让你体验到意想不到的自由感。当你学会做自己的主人，就不会担心发生在自己身上的事，不会在意别人怎么对待自己，或有什么障碍会横亘在自己面前，因为说到底，你才是生活的主宰。

哦，不要错解了我的意思——在你前面依然会出现坎坷，你照旧需要面对困难，不断犯错。道路曲折，你还是会跌跌撞撞，还是会有人以不公平的方式对待你。但是，这些对你来说都无关紧要，因为你不再是境遇的受害者，你依然完全控制自己如何做出反应。

在《极限控制》一书中，作为作者的前海豹突击队指挥官约克·威林克和立夫·巴宾，详细讨论了承担一切责任的概念，尤其是它在领导方面的重要性。根据自身的实战经验，作者写道：

作为个体，我们常常会把别人的成功归因于运气和环境，而面对自己或自己团队的失败，总是找各种理由开脱。我们把自己的糟糕表现，归咎于运气不佳、外界因素无法控制，或者下属配合不默契。总之我们会责怪任何人，除了我们自己。承担一切失败的责任绝非易事，当事情出现差错站出来承担后果，需要一颗极为谦卑的心和一种莫大的勇气。但这么做，是学习并成长为领导者，进而打造高效团队的必由之路。

无论如何，下定决心永远做自己的主人，并对生活抛给自己的一切负责，确实可能是你做的最为勇敢的事。

因为毋庸置疑，这么做将会改变一切。

你不会再有任何人可以指责，除了自己。你必须撕掉自己的受害者标签，拒绝让借口挡住你前进的路。你必须放弃等待其他人为你指明方向。你必须选择做你自己的英雄。这条路并不容易，会充满艰辛。但它会赋予你无比的力量。

因为当你下定决心永远做自己的主人时，你已经把自己的命运牢牢掌控在了自己手里。

第 11 章

接受诚实的反馈

因为每个人都需要真正的责任关系

一个对任何人都不负责的人，不应该得到任何人的信任。

——托马斯·潘恩（Thomas Paine）[1]

就在不久前，我无意中读到了一则新闻，报道揭露了一位相当出名的作家和一位励志演说家之间的离婚丑闻，而这位演说家曾靠教授人们如何过上幸福生活获得了事业上的巨大成功。这篇文章的目的是给读者带来震惊的感觉，但内容本身其实不足为奇。毕竟，这种故事对我们而言司空见惯。

一夜成名、瞬间暴富，紧接而来的是威望和权力，称赞声和痴迷的

① 托马斯·潘恩（1737—1809年）：英裔美国思想家、作家、政治活动家、理论家、革命家、激进民主主义者。生于英国诺福克郡，1802年在杰斐逊总统的邀请下，潘恩返回美国。美国独立战争期间，他撰写了铿锵有力并广为流传的小册子《常识》。后来受到法国大革命影响，潘恩撰写了《人的权利》，成为启蒙运动的指导作品之一。——译者注

粉丝，然而就在一刹那间，所有的光鲜夺目就此瓦解，原因可能是吸毒、婚姻不忠、过度挥霍，或者只是一连串错误的选择。无论是社会名流还是大教堂的牧师、政治家或运动员、企业家或商界大亨，都不乏这样的悲惨故事。

但是，如果深入了解这些故事你会发现，这些人物虽然各自有着不同的背景，却有个共同的特征：严重缺乏责任关系。

社会名流、政治家或其他有钱有势、享有威望的人，当他们的人生逐渐失控，往往是因为身边围绕着“好好先生”——马屁精和寄生虫。这些人只会说一些恭维他们的话，并不真正为他们考虑。因此，他们逐渐脱离了现实，变得得意忘形。

糟糕的决策，始于缺少或忽视理性的声音。糟糕的决策，大多因为没有客观对比和讨论。当一个人突然可以为所欲为，就会做出糟糕的决策。绝对的权力，绝对会有瓦解的一天。

这就好像一个小孩，一直在表扬声中长大，没有人违背他的意愿。那么过不了多久，他就会变成一个娇生惯养、自私自利、被宠坏的孩子。所以我们可以说，每个人都需要一点责任心。

2005年，劳拉和罗杰·格里菲斯兴奋地发现，他们赢得了将近300万美元乐透头奖。于是他们很快就陷入了“买买买”模式，先是购买了他们梦寐以求的房子、一辆保时捷和一辆雷克萨斯越野车，接着又把他们的两个女儿送进了一所昂贵的私立学校，他们买下一家水疗中心供劳拉经营。除此之外，他们还享受奢侈的度假旅行，收集各类名牌服饰和背包。

他们做了很多事，唯独没有坐下来好好谈一谈，看看彼此是否还步调一致，并规划如何安排他们的资金，他们同样也没有征求顾问可信的建议。相反地，罗杰告诉劳拉，他可以“管理”好他们的钱，而劳拉呢，根本对他们实际拥有的资产毫无概念，只是一味地花钱。

不到6年，所有的一切都烟消云散。他们不仅债台高筑，婚姻也破裂了，他们失去了他们的房子、车子，以及其他一切。

格里菲斯夫妇的例子并不是个案。实际上据统计，在获得巨额的意外之财以后的5年内，有大约70%的乐透中奖者最终破产，其中大多数的原因是，这些中奖者脱离了实际情况，开始变得狂妄自大。虽然此时最佳选择是听取第三方建议——信得过的经济顾问或律师——帮助他们管理这笔意外之财，但很少有乐透中奖者真的这么做。

生而为人，我们都存在根深蒂固的弱点，并且容易受到诱惑，如果没有了限制和边界，就会做出愚蠢至极的决定！面对社会名流突然的名誉扫地，政客因丑闻而下台，或者乐透中奖者经济破产，我们很容易就能给出评价，但现实情况是，我们中没有人能完全抵挡得住金钱、权力、荣耀和称赞的诱惑，更别提免受偷懒、做出错误决定和屈从于恶习的诱惑了。

而这一切就是生活需要责任感的原因！我们需要讲真话的人和意见与我们相左的人；需要那些足够爱我们，当我们走上歧路时，能把我们拖出深渊的人；需要那些关心我们，能当面指点我们的人。我们需要有足够信任的人，给予我们诚实的反馈，以及那些可以接受我们的诚实反馈的人。

我们不愿听到事实真相、具有建设性的批评，以及异己的观点，因为忠言总是逆耳。我们也不太希望有人说我们做错了，说我们看问题的角度不正确，或说我们发表的意见中基础信息不足。

这就是为什么真正的担当——接受诚实的反馈，并愿意加以改进——是一种勇敢的行为。这需要你展现自己的弱点，并承认你不一定都能找到所有问题的答案；这需要你能有宽广的胸襟，接受一些不同人士的观点；这需要你听取明智的谏言，虽然它可能从根本上违背了你的想法与期望；这需要你同时拥有谦卑和信任。

信任的基础

我是优势识别器①人格测试的超级粉丝。在我的公司里，我们要求每位即将加入我们团队的准雇员参加这项测试，作为他们申请入职的一部分，公司也会积极努力，确保每一位团队成员都能有机会在工作中发挥自己的优势。我十分着迷于这项测试，甚至让我的孩子也参与这项测试的儿童版，后来，在我的再三请求下，我还说服我的先生做了测试，这样一来我们就能共同阅读《基于优势的婚姻》一书了。

① 优势识别器（Strengths Finder）：一种在网络上进行的测试，全称盖洛普优势识别器，目前还有2.0版本，该测试有34个主导“主题”及其成千上万的组合。被测者通过该测试，配以测试设计师著作《现在，发现你的优势》（原版英语书名：*Now, Discover Your Strengths*，该书的中文简体版由中国青年出版社出版发行）中的讲解，能了解如何最有效地将自己的优势和才干转化为个人和事业的成功。——译者注

结果一点也不出乎我们的意料，除了我们共有的一个优势——战略优势——以外，他的前十大优势是我最不具备的十个优势，反之亦然。

我们之间存在天壤之别。

虽然我们早就意识到了彼此的不同，因为太显而易见了，但当我们真正了解到我们的优势如何在我们的人格和婚姻中起作用，还是给了我们深刻的启示。我们发现，作为夫妻，我们之间反复出现的争执，直接来自我最缺乏的优势——适应性——而这正是我丈夫排在第一的优势。知道我们俩最常因为什么事情而争吵吗？那就是，我总是希望在事前做安排，而他完全不做！这让我们把对方都逼向疯狂的边缘！

问题是，在意识到这种特殊的优势（或缺乏这种优势）是我们各自性格所固有的一部分之前，我们都以为对方在故意惹恼自己。查克会觉得我故意想通过不断制订计划来激怒他，而我则推断他是有意拒绝做计划来刁难我。

事实证明，我们都不是有意为之！虽然我不能在这里保证说，我们从此再没因为这类事件发生争执，但争执的次数明显减少了。我渐渐体会到查克拒绝计划只是想顺其自然，而他也意识到如果我不做计划内心会有所不安。

花一些时间学习彼此身上的不同，帮助我们建立了更深厚的信任——所有关系的基础。如果我不相信我的丈夫无条件地爱我、支持我，那么只要他做的事惹到我，或他质疑我、违背我的意思，我就会很容易猜忌他是存心为之，故意踩我底线，或者他有什么险恶的动机。

信任是每个成功的婚姻、友谊或责任伙伴关系的基础。如果关系之中没有信任，一切将会荡然无存，徒有一个空虚的外壳。没有信任的关系纯粹属于交易往来，只有当关系双方都有利可图才会联系起来，彼此除了交换客套话以外一无所有。

所以，为了能互相信任，你必须展现自己的弱点，卸下心防，让对方看到真实的你——一个古怪、有些缺点，会出错搞砸事情，经常试图隐藏那个不完美的自己的你。你必须诚实地对待你的想法、希望和梦想，同样包括你的恐惧、沮丧和不安全感。更重要的是，你必须同样愿意看到并接受他人的这一面。

我的丈夫看到过我最糟糕的一面——我的坏脾气和经前期综合征；当事情没有按照计划进行时，我的情绪会失控；我对孩子和他没有耐心，等待任何事都会让我焦躁；我会突然发作，一旦肚子饿了会完全失去理智；我的强迫症天性；我喜欢自创没有调子的歌曲；以及成千上万其他小事情，我都不好意思拿出来分享。

我和丈夫是截然相反的两种人，有时候的确可以把对方逼到发疯，但我们也让彼此变成了更好的样子。他塑造了更好的我，我成就了更好的他。

同时，我也超级幸运能拥有几个真正懂我的朋友——我相信他们会支持我，无论发生什么都会与我同甘共苦。

他们都是我背后的人——他们会在我犯傻或自以为是时提醒我。他们会出于爱意，亲切地直接告诉我，无论是何种事。我需要他们的观点，让我更好地站稳脚跟。

我们每个人都是如此。

鼓励冲突

每一年，我们整个团队都会汇聚到位于佛罗里达州的公司总部，召开年度计划会议，随后解散回各自的工作岗位。开会期间，我们团结一致，共同解决问题，梦想未来。作为一家员工分散办公的网络公司，如此面对面的机会对我们每个人都弥足珍贵。

说真的，我的团队很棒。我明白这句话说起来很容易，但我的团队，确确实实值得称赞。我知道我团队中的每个人，每一天都在付出百分百的努力。他们热爱我们的公司，受到我们所做的工作的鼓舞，全力以赴，绝不偷懒。每天清晨我起来，都非常感激自己能与这么一个优秀的团队共事。

去年，会议解散前，我请每一位队员阅读帕特里克·兰西奥尼（Patrick Lencioni）的著作《团队协作的五大障碍》，这本书以寓言的形式叙述，揭示了五种妨碍组织发挥最佳状态的团队行为。

那年早些时候我就阅读了这本书，书中的内容令我感到忧虑，因为在此之前，我从未思考过自己的团队会存在问题，一丝一毫都没想过。我们相处融洽，工作期间也很愉快，尽管工作非常辛苦，但我们团队的所有成员每时每刻都积极、和谐，和谐到甚至有些让人生气。

不过，这正是问题所在。我们的团队从来没有任何冲突。

在我们公司，每一个新的想法和倡议，都会得到接纳，受到称赞。到处都是鼓励和肯定声，恭贺并告诉他“做得好棒”。我们都太擅长做好人了，善于表达欣赏，善于互相表扬和赞美。我们举办生日派对、公司周年纪念活动、公司业绩表彰会，嘉奖每一位工作出色的员工。

乍听之下，我们好像拥有一个相当好的公司氛围——确实如此——但这同样也意味着有诸多问题。你会发现，我们大家都渴望和睦相处，始终保持积极状态，没有人出来反对新的观点，当发现问题时，也没有人敢大胆说出口。因为缺少冲突，我们的团队变得骄傲自满，并且确实导致了我们工作质量的下滑。

作为一个团队，我们意识到鼓励具有建设性的冲突和对彼此负责，是我们必须真正奉行的两件事，而且在过去的一年里，我们的确坚持执行了。

现在，会议能给大家带来更多思想上的火花，每一位团队成员越来越踊跃地表达自己的想法，分享他们的观点，反对或坚持某一个观点，甚至在必要时会进行单独讨论。公司内部依然非常和谐，但如今我们会为那些具有建设性的冲突时刻庆祝和欢呼。实际上，当我们全体同意某件事时——这种情况仍然经常发生——我们会请一两个人故意提出不同意见，这么做能创造出更多具有建设性的冲突，同时充分确保我们已经考虑到了方方面面。

一些小的冲突和争执有时必不可少，而且这条定律不仅仅适用于团队。我和兄弟姐妹们最近发现，这条定律同样适合解决照顾和赡养母亲的问题。当我们在最佳方案上存在强烈的意见分歧，我们需要建设性的冲突，帮我们找出最为周全的方案。

你知道吗？这个过程很困难，真的相当困难。争执中难免出现一些难听的言语，这会很伤人心。我们这才发现，曾经的冲突对我们的伤害有多深，我明白我们都想为母亲好，所以竭尽所能想要在问题上达成一致。虽然此刻我们还没完全理清问题，但我相信我们最终一定能解决冲突，找到最佳方案，因为我们都深深地爱着母亲和彼此。

听取各方见解非常重要，即使它与你的想法不同。倾听反对你的人的想法，迫使你更加坚定自己的信念。努力让事情变得更好，会给你带来更棒的收获。

所以，请不要害怕冲突。相反地，请拥抱诚实的反馈，因为每个人都需要真正的责任关系。

第 12 章

人生没有对错，只有经验

因为每一次的跌倒，都会带来新的突破

我没有失败过。我只是发现了10000种行不通的方法！

——托马斯·爱迪生（Thomas Edison）

有时候我觉得，我的整个人生就是一系列的错误抉择。

17岁那年，我从高中退学，去荷兰做交换生，因为我无法忍受继续在家住上一年。在此之前，小镇上从未有过离开本地高中当交换生的例子，所以他们拒绝承认我在荷兰学校取得的学分，也不愿为我颁发文凭。尽管我没有真正从高中毕业，但由于一些离奇的疏忽，我竟然还是被大学录取了，但后来，我再次从大学退学。

我20岁结婚，嫁给了一个我喜欢的男人，但我并不爱他，仅仅两年后，我们的婚姻就走到了尽头。接着（正如我先前简单提起过的），我的情绪完全失控了，多次自杀未遂，有两年多的时间不断进出精神病医

院。在此期间，我对自己的资金状况不管不顾，最终导致了破产。

24岁时，恢复单身的我，找到了喜欢的人，苦苦等待对方回应整整9个月无果后，我又迅速展开了另一段恋爱，结果发现那家伙是一个恶心的无赖，我只知道他让我从餐厅后门离开，为了不在他“真正的”女友面前暴露。

到了25岁那年，我的人生终于回归了正轨，我完成了大学学业，并全力以赴备战GMAT考试和LSAT考试，并被圣路易斯华盛顿大学的JD/MBA双学位专业录取。于是我的人生发生了翻天覆地的变化，我从国家的一头搬至另一头，并且购置了一套房子，没想到8个月后我再次退学了。

30岁不到那年，我应邀担任一家水疗中心的经理职位，这家店由于经营不善，在我接管的时候，每个月损失近50000美元，店主天真地以为我能够扭转这个局面。于是我花费了整整两年时间，倾尽所有的心血和汗水，但最后还是以失败告终。

等到了33岁，我是一名闲不住的全职妈妈，用我几乎所有闲暇时间（这相当于非常多的时间）去Target疯狂购物，由于花销太多，我和丈夫经常为资金和我的消费习惯起争执，而且说实话，我不太确定我们最终能否达成一致。

时光飞逝，40岁时的我，打算假装所有这些失败都已经远去。加上我的事业也有了些起色，便自认为已经有些把人生搞明白了，但事实是，我几乎每天还是会犯傻。我花了时间和金钱投入项目，最后项目失败。我信任了不对的人，错误雇用了数不清的员工。我寻求他人给我提供答案，为我排忧解难，却发现这些人连他们自己的问题都解决不了。我做了不少糟糕的决定，事后总是期望自己能回到过去重来一遍。

回首往事，我可以清晰地看到，自己人生的很大一部分，充满着一系列糟糕的改变、错误的抉择和巨大的挫败。但是一路走来，我明白了一个道理：人生没有对错，只有经验。每个错误的抉择，都以某种方式，让我成为了现在的自己。每一次的失策，最终都会变成正确的一步。而且我坚信，我在生命中遇到的坎坷，将来都会成为我永远心怀感激的经验。

因为事实证明，作为交换生的那一年，是我一生当中最美好的一年。这一年扩展了我的世界观，而在此之前我从未见过大世面。我游览了欧洲各国，体验了独立自主的感觉，还学会熟练地说一口荷兰语。虽然我从未真正高中毕业，却能以四种语言进行考试，并取得16个大学学分。

我的第一次婚姻，是一个很惨痛的失败，但它教会了我许多婚姻不应有的样子。这件事后，我承认我让自己、前夫、前夫家人失望了，愿意为此负责，并且体会到自己缺少谦虚的态度，将来如果有类似的事发生，我不会再重蹈覆辙。我知道如果我再度步入婚姻殿堂，这段婚姻一定有理智的原因，一个对的人，而且它将会持续一辈子。

申请破产让我颜面丢尽，我发誓再也不能被经济状况所困，搞得走投无路。我意识到，掌握自己命运的方法，就是挣足够多的钱，获得更多选择。

那段与抑郁作斗争的时光，让我了解了许多关于别人和我自己的知识，不过最重要的是，它教会我，无论事情变得有多么糟糕，船到桥头自然会直，当你跌到低谷，表示接下来你只会往上。

就连我的那些约会悲剧，也有它们的价值。要不是前一段感情让我太心碎，我就不会相信那个无赖所说的鬼话。要不是见到了这位无赖先生，我永远也不会遇见他的同事兼室友查克，这个人后来变成了我的那个“他”。一条狗，两个孩子，7次横跨全国的搬家，15年，然后是第17个住址，我们还在不断勇往直前。

从法学院退学，放弃当时对我而言最大的目标，可能是我做过的最可怕的事，但它让我获得了极大的自由。它同时教会我，不管发生什么事，我总是有选择的余地，而这是我此前一直拒绝认同的人生经验。我花了相当长一段时间才想明白，我这一辈子到底想做什么，当时我还欠了30000美元的学生贷款要还，但我从来没有后悔自己离开法学院。

经营水疗中心的经历，相当于给我上了一堂经管速成课，回头想想，当时学习到的知识，如今依然不断被我运用到正在开办的公司中。那段时间，我学习到如何带领一个大的团队，如何应对不同的个性和风格。我学会了如何管理盈亏，如何成为一名更好的营销员，如何销售，如何创建网络，还学习到提供给客户卓越的服务意味着什么。

我逛Target的购物习惯——包括急需寻找一个新的爱好，以免无止境的购物毁了我的婚姻——最终促使我开始撰写博客“过好日子少花钱”（Living Well Spending Less），这个本来基于个人兴趣展开的项目，令人惊奇地成长为了一项成熟业务。每一天，我都能从这个业务中发现，最有价值的经验几乎都直接来源于我犯的最大的错误。学习哪些不该做、哪些没有效果，让我明白怎么做才能真正成功。

因为从结果来看，人生没有对错，只有经验——这也是我们本章的勇气法则。

重塑你的认知

如果从此你不再害怕犯错，会对你的人生产生怎样的影响？你有没有思考过这个问题？如果你重新认识曾经搞砸事情的经历，把它想象成一段学习的过程，会有怎样的结果？假设你能够完全说服自己——打从心底地相信——这个世上根本没有所谓的错误，会发生什么情况？

这该是多么自由的感觉？

问题是，在生活中（以及工作中），我们的第一反应往往都是期待事物一帆风顺。如果事物总是按照我们预想的方式进行该多么完美？假如我们总是能获得我们想要的东西，假如生活从来都是阳光普照、万紫千红，假如我们都能够点石成金，那该多么美好？我认为，我们每个人心里都明白这只是幻想而已。但有些事我们可能还没意识到：期许事情一帆风顺，会妨碍我们创造自己热爱的生活。

路上的颠簸会阻碍我们吗？不，这些颠簸教给我们许多有用的东西！无论是生活还是工作，我敢保证，你能从你犯的错误里学到最多的知识。每一次失败和错误，都是学习成长的最佳机会。

我明白犯错或遇到困难一点也不好玩。但你也不希望自己因为害怕失败，从此就放弃追寻梦想或尝试新事物。正如我前面曾经说过，错误和失败是另一种形式的胜利。而且这很合算，因为这表示当你输了的时候，实际上你赢了！

比失败更糟的命运

我们很容易说服自己相信，犯错是世上发生的最可怕的事。我们拒绝冒险或离开舒适区，我们放弃追寻那些远大目标和梦想，因为我们无法想象比失败更糟糕的情况会是什么样子。我们深信，如果把事情搞糟，自己将无可救药。

然而，这不是事实。

有一种命运比失败更糟糕——而且糟糕得多。不去尝试的结果，会比犯错或尝试后失败造成的后果，更长久地萦绕在我们身边，令我们感到不安。

这是一种悔恨的痛苦。

回顾我到目前为止的人生，除去犯了许许多多的错误外，我的确没有太多的遗憾。不要误会我的意思，其中有许多经历我不想再次体会，也有许多错误让人羞愧，但我不因它们的发生而感到抱歉。

即使犯下的一些经济错误——我冒险并赔了钱——也没有让我感到很心烦。例如，几年前，当油价处于历史高位时，我和查克遇到一个投资钻探一口新油井的机会。这件事简直虚无缥缈，而且意味着需要冒相当大的风险，但是它的潜在回报也极为惊人。

我们详细讨论了这件事，权衡了利弊，最终决定放手一搏。我们向上帝做了些祷告，然后就签下了巨额支票。不幸的是，钻探以失败告终。我们没有钻探到石油或天然气，没有任何东西，除了一大堆岩石。

我们的投资化为乌有，这个结果显然并不理想，也不是我们希望的样子，但我们同时发现，它没有想象中那么糟，世界末日没有来到。我们很快从这次打击中恢复了过来，生活依然继续，我们从未为这场冒险感到后悔。

但有一次我们没有抓住机会，最后我们与它失之交臂。

几年前，我和查克在田纳西州东部的农村找到一间历史悠久的小木屋，小屋正在出售，离我好朋友伊迪的家只有几英里远。它拥有很多令人喜爱的特点—— 一个13英尺宽的石制壁炉，上好的石块，以及许多特色之处。但修建它需要庞大的工程量，不仅要重安一个新的屋顶，引入全新的管道和电气设备，还包括建造新的厨房、浴室，以及新的化粪池系统，还有很多很多，承包商估计整个维修工程需要花费15万美元。

当时我们并非资金不足，我们有这些钱。但我们担心转售价格不高，装修成本高于房子本身的价格，虽然我们真心喜欢这间小木屋，但还是转身走开了。

我想告诉你，4年后，这件事依然令我耿耿于怀！

我们时常还是会想起它，谈论它，在脑中思索，“要是当初……”每隔几个月，我会登录Zillow搜索房地产信息，看看它会不会再度挂牌。

然而到目前为止，好运没有降临。只好期待未来了。

为撰写本书我已经调查了超过4000人，其中给我留下深刻印象的，就是后悔带来的持续性痛苦。一对夫妻选择堕胎，因为他们害怕自己不能当好父母的角色。母亲放弃重返校园的梦想。父亲不敢放弃自己的金饭碗，去追寻梦寐以求的工作。房地产经纪人丢失了顾客，因为她怕自己表现得太强势。

令人心碎的故事不胜枚举！

事实上，在听了一个又一个人们被恐惧支配的故事后，我敢相信，世上最糟糕的事，就是不得不长期沉浸在后悔的情绪中。

因为，对失败的恐惧真实可感，然而犯错带来的暂时痛苦，完全不同于后悔在你心里那种挥之不去的感觉。

错误只会给你带来一时伤痛，但后悔一直会跟随你一生。

所以不要让后悔的事继续发生了。让自己对后悔的恐惧，强于对失败的恐惧。敢于冒险，这样你就不必花一辈子后悔当初。犯一点错，没什么关系。

如果你现在有一些后悔的事情，那就把它放在过去，给自己机会继续向前看。只把注意力集中到你能控制的事情上——那些你现在做的选择。并且时刻提醒自己：人生没有对错，只有经验。

因为每一次的跌倒，都会带来新的突破。

第 13 章

放下虚幻的平衡，为理想而生

因为如果每件事都很重要，
那么它们就都不重要

有些东西总是由过度产生的：伟大的艺术来源于巨大的错误、伟大的孤独、过多的禁忌和不稳定，然而艺术总能平衡所有这一切。

——阿娜伊斯·宁（法语：Anaïs Nin）

每年在我的公司，我都会做一项彻底调查，试图再深入了解一点我们的读者和客户——包括询问他们的喜好，以及我们可以改进的地方。我通常至少会问几个关于目标的问题，而近些年，我还会请受访者找出一个单词，归纳总结他“过去的一年”。

你猜哪个单词不断出现，频率最高，经常高过其他单词呢？

那个词就是：平衡。

身为女性，我们几乎不顾一切地想要追求平衡，至少看起来如此。

这是一种虚幻而神奇的想法，似乎触手可及，却总是逃离我们的掌心。我们认为，正是因为缺乏平衡，才致使自己没能过上想要的生活，我们说服自己，达到平衡就能令我们快乐。

由于我们确信自己尚未达到这种神奇的平衡状态，所以我们从未对自己目前的状态完全满意。无论我们正在从事什么工作、努力做什么事，无论我们正处于什么季节，一种若隐若现的感觉总是萦绕在我们的心头，好像我们的生活有些紊乱，脱离了正轨，仿佛我们在某件事上投入太多精力，就一定是做错了什么事。

对于那些有孩子或有家庭的人，还有一个专有名词描述这种感觉——妈妈的内疚感。

这种感觉好像我们做了错事，或忽略了我们的家庭，或因为照顾自己、专注于自己的事业、追求自己的激情或梦想，而伤害到了我们的孩子（有记录表明，你不必成为一名母亲就能体会到这些）。

这是我们在说“不”，甚至在说“不是现在”时，产生的内疚感。这种内疚感来自没有给孩子做每顿饭，没有花时间搜寻图片网站，做一份漂亮的便当。这种内疚感来自我们提早20分钟把孩子放上床，让自己能安静地看一会儿Netflix[①]，或者来自没能陪同参加每月的实地考察活动，没参加最新的委员会或募捐活动。

① Netflix成立于1997年，是一家在线影片租赁提供商，主要提供Netflix超大数量的DVD并免费递送，总部位于美国加利福尼亚州洛斯盖图。——编者注

这种内疚感无处不在，如影随形。所有时间，时时刻刻，这个细小的声音不断在我们耳边唠叨，要我们再多做一些，多爱一些，多陪伴一些，多奉献一些，多给予一些，多提供一些，多关心一些，多在意一些。

这个微小的声音告诉我们，不管我们做什么，可能都还不够。

但是，这个声音会不会是在骗我们呢？

我们深信的这个平衡想法，会不会根本不可能，或客观上不存在？它会不会只是一个神话？一个童话故事？一个为了阻止我们专心追求目标和梦想的陷阱？

平衡是不是被过于夸大了？

作为一名在职妈妈，平时工作忙碌，工作要求有时也无法想象的高，我当然经常会遇到工作、生活两难的困局。事实上，几乎每天我都会遇到这个问题。我怎么能同时做一个好妈妈、好妻子和好老板呢？我要怎么做才能既专注于自己的事业，带领我的团队，实现我们内心期望的那些远大目标和梦想，又不让我身边的亲人失望呢？毕竟，我要考虑的不仅仅是我自己。我要如何做，来平衡我的事业和我的责任呢？

因为现实情况是，实现梦想需要耗费很多精力。追求一个远大目标，必然要付出无数努力和做出牺牲。这意味着需要做出艰难抉择，有时还意味着优先处理一件重要且有价值的事，将另一件同样重要且有价值的事排在后面。这还需要你愿意相信自己，相信你的选择和你的重要事情，即使没有人支持你。

有时候这样真的很不容易。

因为尽管达到新的里程碑或完成某些目标令我们激动不已，可我们的脑海里似乎总有个声音向我们发问：是不是追求自己的梦想，属于自私的行为？

答案是肯定……是否定的。

有时我们必须自私一点，才能完成任务。我们经常必须愿意牺牲或舍弃某个目标，才能追求另一个目标。在有些情况下，这些目标可能彼此互相冲突，也可能相安无事。实际上，生活有时就是如此。

问题是，什么时候我们可以朝着目标努力，什么时候需要停下来？什么时候我们需要自私，什么时候应该无私？什么时候我们应该全力以赴，什么时候需要全身而退？

痴迷没有关系

我们的文化，鼓吹人们在生活的方方面面都努力保持平衡，痴迷的概念受到了不公平的对待。我们被教导说，花太多时间过度专注某件事，或倾注太多精力到我们生活的某个领域，不是一种健康的生活状态。换言之，我们不能太忙于工作，或过度锻炼，或操练太久。

“一切都要适度”，这句话经常挂在我们嘴边。

但是，这句话真的对吗？我可不觉得。伟大的成就总是来自痴迷。

世界上最棒的文学、音乐、艺术和美食，最杰出的公司和创意，最开创性的发明，最令人难以置信的运动成就，这些几乎都与坚持不懈的追求有着直接关联。备受人们称赞的成功CEO、艺术家、科学家、运动员和演员，通常都是那些愿意做出牺牲，痴迷于某个目标领域的人。

同样的故事，一遍又一遍地上演。故事里都会出现：多年的训练、强烈的专注、个人牺牲和坚持不懈的追求。老实说，我敢断言，在每个伟大的成就背后，都有一个愿意让生活重心失衡的人。

除此之外，我认为光是失衡，还不足以令人成功。对大多数成功人士而言，他们的动力不只来自激情或想要成功的渴望，还来自强烈的理想——想要奉献社会、成就大事的意愿，这是一种使命感。

我是一名基督徒，相信上帝希望我们每个人都尽力运用自己独特的天分、才能和力量。我还相信，远大梦想—— 一个会在我们心中激起恐惧和兴奋的东西——是神圣的激励。而对于我个人来说，这句话的意思是，如果我们不痴迷地运用我们的这些天分、追求远大梦想和真正身体力行我们的使命，我们才是真正地误入歧途。

我们不是为保持平衡而生，我们是为理想而生。

把上面这句话铭记于心，允许自己毫无负罪感地全力拼搏，你猜会发生什么？如果你能停止争取虚幻的平衡，让自己痴迷地追寻梦想，生活会发生怎样的转变？这对你现在的生活意味着什么？会发生什么变化？

没有哪个生活时期可以持续到永远

你是否曾注意到，我们人类视野狭隘，往往只能看到眼前的状况？

这是我们唯一能见到的，唯一能触碰到的，唯一感兴趣的，因为眼前的一切几乎包含了全部，让人以为它会永远持续下去。

当我二十几岁还是单身的时候，我的生活就是遛狗、和朋友闲逛以及周末野营或看球赛。我完全可以随心所欲地在任何时候做任何我想做的事，我从来没想过这样的状态有一天会发生改变。

我当时刚刚订婚，是个准新娘，我的生活只剩下婚礼计划。我只阅读新娘杂志，看一些电视节目，例如《婚纱真人秀》（*Say Yes to the Dress*），然后花大量时间计划完美的那一天，包括婚纱、美食、鲜花、蛋糕、音乐、礼物登记处……这就像一份全职工作！接着，在一瞬间，我们说完了“我愿意”，一切就戛然而止了。

怀孕也是一个全新的时期，充满了期待、担忧、兴奋、恐惧，以及电视秀比如《婴儿故事》（*A Baby Story*）和《糊涂妈妈进产房》（*I Didn't Know I Was Pregnant*）。我用几天时间反复阅读《海蒂怀孕大百科》（*What to Expect When You're Expecting*），来来回回修改我的分娩计划好多次，并在BabyFit聊天室与大家讨论有关怀孕的任何话题。

母亲的身份，很快让孕期变成了非常遥远的记忆，而每一次新出现的时期，都会带来它所特有的挑战和痴迷，先是剥夺我睡眠的婴儿期、蹒跚学步期，再到惹人怜爱的孩提时期，接着是不太乖巧的童年期。我还没体验青春期，但我可以肯定，当这个时期来临，生活一定又会被它完全占据。

作为一个企业家，我也经历了不少各不相同的时期。有一段时期任务艰巨，我只得加班赶进度——几乎不睡觉，每周工作超过80个小时，疯狂地想出一大堆方案，只为找出最为合适的。

有一段时期充满了创造力和思考，当时我正专注于写书或创造一些新的东西。也有发展与成长的时期，那时我学习了如何创建系统和组建团队。同样也有挫败和绝望的时期，似乎所有事都有可能出错。

每个时期来了又去——无论是在婚姻里还是在友谊里，无论是在工作中还是在游玩中，它们出现在我们生活的方方面面，然后又消失无踪。有的时候我们充满希望，有的时候我们充满绝望。有繁忙的时期，也有平静的时期。我们时而满载而归，时而一无所获。有翘首以待的时刻，也有心满意足的时刻。

无论好时期还是坏时期，它们都不会持续到永远。

认识到这一点非常重要，因为它强有力地提醒我们，为缺乏平衡而产生内疚感是徒劳无益的。每个人的一生都会经历各个不同的时期，正是因为这些时期的存在，说明我们总是会处于某种不太正常的状态，每个时期都有相应的特殊状态。时期会交替变更，我们眼中最重要的事物也会随之改变。

如果每件事都很重要，那么它们就都不重要

虽然从理论上接受时期变换这个概念很容易，但身在其中往往会变得目光短浅。在实际生活中，我们每天面临的最大的心理斗争之一，就

是追求平衡的想法，我们认为生活中的每件事，必须得到同等的重视和关注，如果我们没能在生活的方方面面始终保持完全的平衡状态，我们就失败了。

这是多么自欺欺人的想法！

因为现实情况是，如果每件事都很重要，那么它们就都不重要。如果我们总试图对所有事情一视同仁，就永远无法为最重要的事情付出足够的时间。没有一件事可以，或应该在任何时候都很重要。这是不现实的，而且尝试达到某种完美平衡，会把我们逼疯。

有时候，在某个领域成功，似乎意味着必然会在另一个领域失败，然而我们没有发现，偶尔出现这种情况完全没有问题。有时候我们应该在某个地方有所失，才能让我们在另一个地方有所得。因为与之相反的另外一种状态，是在碌碌无为的人生中保持完美的平衡。

话说回来，谁想一辈子都无所作为呢？

这就是远大目标的意义所在，它们告诉我们什么才是真正重要的事。这些远大目标帮我们找出我们最需要投入时间的地方。它们是路线图，指引我们前进的方向，告诉我们应该专注哪里，哪些活动不值得我们花费时间。

正是这“不值得我们花费时间”的部分，是最为重要的部分，也是最难执行的部分，特别是对想追求平衡的人而言。和生活中的其他事一样，找出不值得花费时间的事情，同样需要我们不断练习。我们要不断地重新审视自己的远大目标，然后把大目标分解成一个个更小的目标，并相应地确定需要优先处理的事项。

这表示花时间确定你的优先事项—— 一件基于大目标，对你而言最重要的事——非常必要。你需要不断练习，并罗列一张重要事务清单——可以把它放在身边，必要时再拿出来回看。这张清单本身会提醒你，不是每件事都一样重要。

没人能顾全所有事情，假如有人声称自己能行，那么他很可能在撒谎。一天的时间有限，我们每个人都只有24个小时，不管我们过着怎样的生活，都必须面临选择。

那么，怎样才能确定，我们选择了正确的道路呢？我们如何确保自己的优先事项都排列得当呢？从根本上来说，我认为我们都走在前进的道路上，需要不断地重新评估和自我反省，然而下面的一些原则，确实在过程中给了我启发，它们可能同样对你有帮助。

明确你的初衷。追本溯源，所有的一切都源于此，不是吗？仅仅设立远大目标还不够，我们需要明确为什么它们对我们来说很重要。因为，假如你不能明确自己为什么而做，那么为此做牺牲就显得理由不充足了。

你的理想是什么？是什么激发了你的激情？你的追求，是否发自你的内心？它是否值得你为此做出牺牲？在第16章中，我们还会详细讨论有关寻找初衷的内容，不过现在你也有必要思考这个问题。

找伴侣、孩子或伙伴商量。这一条很难做到。面对被自己忽视的人，我们会产生内疚感，然而对他们敞开心扉极其重要。

我是那种喜欢掌控全局、发号施令的人。相比之下，我的丈夫不爱指挥别人做事，他也从未这么做过。即使如此，结婚多年到现在，我发现虽然他没有领导天赋，但确实机智过人。我已经感受到，且还在不断体会到，他在帮助我实现梦想和抱负方面，提出了许多有价值的见解。没有人能像他那样对我了如指掌，没有人能像他那样用力为我加油鼓劲，像他那样由衷地期盼我取得成功。更重要的是，我的丈夫也是唯一一个深刻理解我们每个家庭成员需求的人，而且他对我们孩子的爱一点不输给我。

世上最宝贵的莫过于真正的责任关系，而你身边最亲近的人，可能是这个世界上唯一对你完全说实话的人，虽然有时诚实到近乎残忍，但他会告诉你是否走在正道上。为了你的婚姻和家庭，最好听听他们是怎么说的。

弥补你的时间。追求梦想可能不得不需要你减少陪伴家人的时间，因此，确保你和家人在一起的时间过得有意义，是至关重要的。与你的伴侣和孩子共同相处的时候，请充分投入其中。关闭你的手机和电脑，或屏蔽其他任何可能让你分心的事情，全心全意地陪伴他们，专门腾出时间留给他们。

与此同时，当心不要屈服于妈妈的内疚感，它有时会诱使我们过度放纵孩子，或给孩子一大堆他们不需要的东西，以弥补自己缺失的陪伴。为孩子提供更多的物质，并不能弥补越来越少的陪伴，另外，试图与孩子做朋友而非他们的家长，也不会奏效。

调查显示，孩子长到3岁以后，高质量的陪伴比时间长短来得更重要。所以，请提高陪伴的质量。

停止比较。旁观身边的朋友，很容易会觉得他们的日子过得比自己好，比自己更有意思。我们看到那个富有事业心的朋友，每天匆忙跑去上班，穿着他们量身定做的西装和高跟鞋，看起来时髦摩登。当他们神气地登上办公楼，低头一看，自己还穿着昨天那条紧身瑜伽裤。与之形成鲜明对比的是，他们会不惜一切代价和孩子待在家里，并不时担心自己是否错过了什么重要的大事。

把自己的处境与别人的做对比，除了会让你发疯地自我怀疑外没有任何意义，所以不要再做傻事了。你有你自己的道路，和别人没有关系。

对自己的选择负责，每个行动都会导致相应的后果，每当我们做出选择，就表示我们排除了其他选项，所以请对你的选择负责。假如你内心坚信自己有某种使命，就不要浪费时间为自己无法做的事感到惋惜。你必须明白，当你选择追逐梦想的那一刻，其实同时也选择了放弃一些东西。

不要为此感到不安。

因为没有人可以做到面面俱到，但我们能够与自己的选择和平共处。最终来说，这已经是非常好的状态了。

不要忘了：放下虚幻的平衡，为理想而生。因为如果每件事都很重要，那么它们就都不重要。

第 14 章

只管向前进

因为没有任何东西可以取代坚持不懈

世界上没有任何东西可以取代坚持。才能不可以，有才能却碌碌无为的人比比皆是；天分不可以，“没有作为的天才”几乎成了一句谚语；教育不可以，受过教育的穷光蛋更是随处可见。唯有坚持和决心，才是无所不能的。

——约翰·卡尔文·柯立芝（John Calvin Coolidge）[①]

23岁那年，我非常确定已经永远毁掉了自己的一生。在当时，我有超过两年时间陷入了严重的抑郁。我所说的抑郁，可不是“边吞几粒抗抑郁药边看电视，觉得心里有些不爽”的那种抑郁，我所说的是“无所

① 约翰·卡尔文·柯立芝（1872—1933年）：美国第30任总统，佛蒙特州律师出身，在马萨诸塞州政界奋斗多年后成为州长。1920年大选时作为沃伦·哈定的竞选伙伴成功当选第29任美国副总统。1923年，哈定在任内病逝，柯立芝随即递补为总统。1924年大选连任成功。政治上主张小政府，以古典自由派保守主义闻名。——译者注

顾忌的、西尔维娅·普拉斯（Sylvia Plath）[1]式”的精神失常。

我的官方诊断写的是：重度抑郁症和创伤后应激障碍。

儿时性虐待的记忆依然让我无法释怀，我更不愿面对自己错误的婚姻和因此变得狼狈不堪的生活，我感到自己的人生已经毫无价值，世间没有所谓的上帝，只有自杀才能化解我面前的所有问题。

在两次尝试未果后，我的第三次自杀企图差点就成功了。消防队员破门而入来营救我，当我被抬上救护车时，心脏已经停止跳动。他们把一根管子塞进我的喉咙让我呼吸，然后打电话通知我的家人过来和我道别。

但我没有死。

相反地，我被送入一家精神病医院，花了难以计数的时间，进行团体治疗、个人治疗、愤怒治疗、认知行为治疗，还有“再多谈谈你的痛苦经历”的治疗。生病期间，我阅读了存在主义哲学作品，并和其他病友互动。他们教会我一些重要的生活技能，比方如何把药吐出来不让人发现，在哪里藏违禁品，以及在吸烟室“安全”使用打火机，这真的比简单地练习连续抽烟要方便得多。

离开医院的日子里，我朝着自我毁灭的旋涡越陷越深。我开始自残，当我不再感到多么疼痛之后，就转向烧东西。我剪掉了我所有的头发，扎自己的鼻子和眉毛，做了许许多多文身。但这样仍然不能令我满意，

① 西尔维娅·普拉斯（1932—1963年）：是继艾米莉·狄金森和伊丽莎白·毕肖普之后最重要的美国女诗人。1963年她最后一次自杀成功时，年仅31岁。——译者注

我开始故意让自己陷入越来越危险的境地——暴饮暴食、尝试一夜情和毒品，每天至少抽两包烟，还加入酒吧斗殴。我开空头支票，给自己买了一顶帐篷，然后在西海岸安营扎寨，最后来到亚利桑那州某个偏僻的地方，和一对极不正常的女同性恋住在一起。

当时我简直一团糟。

我不想让自己去思考，对一切都麻木了。我只想阻止自己去感受，我做了任何可以做和不可以做的事，让自己感受不到来自内心的痛苦。

不必说，自我毁灭并没有让事情往好的方向发展，在再次企图自杀未果后，我又一次重返精神病医院。医生放弃了抗抑郁药的治疗手段，转而使用电击疗法。不久后，他们彻底对我放弃了治疗，送我回家去死。

而这就是我的23岁，离婚、破产，徘徊在人生的最低谷。

我是个无业游民，身无分文，没有学历，也没有希望。我好像一个鬼，因为我的胳膊和大腿上满是割破和灼烧留下的伤口。当时我已经疏远了所有关心过我的人，抑郁症患者不太好相处，虽然我的大多数朋友和亲人都尽力支持我，但过了一段时间，大多数人都放弃了。

我没有资格指责他们，因为我同样放弃了自己。

我跑去和父亲一起生活，不是因为他想让我去，而是因为我真的没地方可去。几个月的时间，我整天躺在床上，直到有一天他再也忍不住了。他说服我——其实是贿赂我——开始每周运动几次，我心不甘情不愿地照他的话做了，每次在跑步机上走30分钟，然后径直躺回床上。

但这么做竟然起了效果，如此反复将一只脚放到另一只前面的机械动作，开始对我产生了一些作用，那些久久笼罩在我头顶上方的抑郁乌云，开始慢慢上升，变得轻了起来。

我又另找了一名治疗师，告诉她："我花了整整两年半的时间，诉说那些曾发生在我身上的坏事，所以我再也不想提起它们了。讨论这些对我没有任何帮助，现在我只想知道如何重新生活。"

而这就是在接下来的两年里，她帮我完成的事。将一只脚放到另一只脚前面，把我的生活一起拉回正轨。我住进了公寓，有一份兼职工作，后来找到了一份更好的全职工作。我领养了一只小狗，它叫利塔，是只精力特别旺盛的拉布拉多犬，这让我不得不每天走出家门带它遛几次弯儿。我开始结交新的朋友—— 一些没有自杀倾向的社会义工——同时开始修复我曾破坏的旧关系。我享受单身生活，周末去野营和徒步旅行，也开始再认识男生出去约会。我重新回到大学完成学业，并申请到法学院念书。

我的治疗师帮助我看到，每一个小小的进步，都能为下一个进步做积累，她也叫我认识到，我不需要一下子把自己的人生都搞明白，只管向前进就行。她最后让我深刻意识到，如果我能从那两年巨大的精神苦难中走出来，其他的难关我也一样可以渡过。

我只管向前进就行。

因为我的生活不可能在某一刻奇迹般变得完美了，那次精神苦难也不会是我遇到的最后一次挫折。我后来的确上了法学院，但念了8个月后却发现那里并不适合我。在那之后，我又尝试了许许多多条不同的道路，但在我找到真理之路，并发现自己注定的那条路之前，可能还要花上数年时间。

一路上，我遇到过很多挑战和困境。我明白了心碎和背叛的味道，体验过挫折和失败、损失惨重和心灰意冷，也出现过健康问题和经济危机，经历了友情的破裂和家庭的纠纷。

但这就是生活。

人生不如意十有八九。没有人可以一帆风顺，远离阻碍、磨难和痛苦。我的故事看起来可能比一些人要艰辛，但有的人的故事远比我的要艰辛。世上有很多人经历过更艰难的挑战、更大的阻碍、更严峻的环境。唯有一件事我可以确定，未来我还会遇到更多阻碍、磨难和挫折，你也是一样。

逆境是生活的一部分。

唯一的问题是，你打算如何面对它。

一件你能控制的事

工作日早晨，我们一家老小似乎都过得很匆忙。

无论我们把闹钟设定得多早，无论我们在前一天晚上提前做了多少准备——准备午餐便当、检查作业、整理衣服、把书包和乐器放到门口——从早晨7：30开始到8：00的这30分钟，总会沦为混乱、叫喊和哭闹的现场。

这些混乱的制造者，没有任何悬念，就是我最小的女儿安妮。小孩子没有紧迫感，好像没办法加快速度或行动得快一些。她需要花45分钟时间吃掉自己的鸡蛋和吐司，穿上不合身的衣服（因为他们穿的是校服，所以要花些时间穿），拒绝梳头发或穿上她的衬衫，然后举着自己的小鞋子到处瞎逛，希望没人注意到她应该打扫自己的房间，事实却是她姐姐被逼无奈在帮她做。

更让人恼火的是，她似乎完全不受喊叫、恳求、哄骗或惩罚的威胁的影响，根本不担心上学迟到，一点也不会因为周围不可避免的沮丧和愤怒而乱了阵脚，她完全不在乎。自信是她最大的优势，批评她就像对牛弹琴。话说回来，如果小孩子不是如此叫人恼怒，那可以称得上是奇迹了。

毫无疑问，家里沮丧和愤怒的情绪，都来自我的大女儿玛吉，她也是受她妹妹影响最大的人。玛吉喜欢早早去学校见她的小伙伴们，而且作为家中长女，她比较负责，做事有条理，一直很守时。通常到7：30的时候，她就准备妥当，接下来的时间都在试图加快安妮的进度。

几乎每天早晨，这样的场景都会一模一样地上演，就好像例行公事。安妮一直拖拖拉拉，而玛吉则变得越来越烦躁。房间里充满着叫喊声、尖叫声、哭声和摔门的声音，然后是许许多多个俯卧撑——我们定的惩罚形式（我不是在开玩笑，我的女儿们如今非常强壮，30个俯卧撑对她们来说简直是小菜一碟）。

不止一次，玛吉哭着跑过来找我，一看便知她们姐妹两个又发生争执了。

“为什么安妮这么烦人？一件事都不做！我们又要迟到了！为什么我要因为她而受苦？这一点都不公平！”

问题是——玛吉说得一点没错，这的确不公平。

安妮有许多许多优秀的品质，但就是不包括早上加快节奏这一项，至少目前是如此，而且现在大多数的早晨，她百分百会受到责骂。作为家长，我心中仍然抱着希望，期待她有一天能够长大，但就当下而言，我们的早晨还是这样的。

因为，就像我跟玛吉解释的，生活并不总是公平的。

“亲爱的，你唯一能够控制的就是你自己。我知道你受到了不公正的对待，但有时候生活就是如此。你没法控制妹妹的行为，但你可以选择如何做出反应。如果你让这件事毁了你的一天，那受伤的只有你自己，妹妹她一点也不会受影响，你必须想办法克服它。”

这对一个12岁的孩子来说太难了。

对于成年人而言亦是如此。

坏事会毫无预兆地发生在你身上，有时候你并无过错。你可能会遭到不公平对待，会被人利用，无可奈何地面对生活中的不圆满。

到最后你会发现，唯一你能控制的就是自己的反应方式。你会让自己的反应毁了你的一天，抑或一周，甚至于一生？还是会选择朝前看？

痛苦、愤怒和怨恨不会给你增添好处，只会活生生地置你于死地，就好像喝下一瓶毒药，指望其他人中毒一样，最后自己倒霉。

你自己是你唯一可以控制的，所以请你为自己负起责任。因为即使身处最糟糕的境地，你依然拥有选择的余地。你可以选择拒绝让其他人的行为和态度决定你的行为和感受；你可以选择控制自己的反应；你可以选择依旧保持喜乐与宽容；你可以选择继续向前。

没有人可以阻止你，除非你自己放弃。

快乐来自苦难

当意想不到的事发生时，我们经常变得六神无主。紧接着，因为我们措手不及，所以很容易受到打击，心情低落。由于没做好思想准备，我们对如何应对迎面而来的阻碍，根本毫无头绪。

但在这里我可以拍胸脯告诉你，生活中唯一可以确定的事就是，你随时可能遇到问题。

我们都听过墨菲定律（Murphy's Law）[①]，他是这样说的——凡事只要有可能出错，那就一定会出错（Anything that can go wrong will go wrong）。但出于某些原因，当结果与我们的预期不一致，或当我们犯错或遇到一些重大挫折时，我们仍然会变得不安、惊讶、困惑或气愤。

我们认为这件事不应该发生！我们觉得自己可怜无辜，有时甚至到处找人诉苦。

① 墨菲定律：一种心理学效应，由爱德华·墨菲（Edward A. Murphy）提出，亦称墨菲法则、墨菲定理。根本内容是：如果事情有变坏的可能，不管这种可能性有多小，它总会发生。“墨菲定律”“帕金森定律”和“彼德原理”并称为20世纪西方文化三大发现。——译者注

可我们为什么要感到如此意外?

坏事总会发生。事情终究会出错，问题会一次又一次被制造出来。人的脑袋偶尔会不好使，意外与不幸随时可能降临，挫折和阻碍会突然冒出来。只有一个办法能让我们免于成为环境和坏事的牺牲品，那就是不再期望每件事都能顺利进行。

我们必须停止告诉自己，我们应该走在平坦的路上。当遇到不顺利，我们要停止可怜自己，因为平坦的路在现实生活中根本不存在。

痛苦和磨难从来不是一件令人愉快的事，没有人想要困难和挫折，或者期盼自己的人生更曲折。我们无法从逆境和坏事中获得乐趣，我们不会暗中祈祷不幸与悲痛降临，我们压根不希望感受难过、生气、灰心和愤怒。

然而，当我们回顾人生中最快乐的时刻，肯定会发现它不可避免地与某些困苦相连。我们引以为豪的事，是我们曾经为之奋斗过的事!

完成马拉松的兴奋来自26英里长跑的痛苦，最终换来的那一刻快乐完全仰赖几个月来的艰苦训练——水泡、酸痛的肌肉，以及星期六为晨跑放弃舒服地躺在床上。

完成学业的骄傲来自寒窗苦读——考试前的挑灯夜战、绞尽脑汁理解重要概念，以及时间、金钱上的投入。

拥有一家成功企业的成就感来自血汗和泪水的付出——无休止的压力、永远公务缠身的感觉、必须冒险和处理未知事物的苦恼。

为人母的喜悦来自含辛茹苦的养育——需要整夜照料的婴儿时期、

充满情绪的幼儿时期、荷尔蒙分泌旺盛的青少年时期，还有无止境地接送、准备饭菜、洗衣服、做家务和夹在之间的头疼操心。

困难、痛苦和逆境从来不是一件好玩的事，但确实能让我们成为更好的自己。我们从中学会如何变得更强壮、更聪明、更谦虚、更富有耐心和同情心。好事也总是伴随它们而来，虽然在当时或许不易叫人察觉。其实，每一次失败都是一次重生的机会，即使我们不知晓什么事会出差错，什么问题会冒出来，但我们的心中十分明确，事情不会完全按计划执行。只要我们把遇到的颠簸当成人生路上必经的一部分，它们就会变得非常容易忍受了。

面对艰难险阻，我们能够镇定自若地到达彼岸。

一步一步向前走

在研究型心理学家安杰拉·达克沃思（Angela Duckworth）的新书《坚毅》中，她用生动形象的语言详细描述了，想要创造成功的人生，坚韧不拔的毅力——激情及持久耐力——比天赋要重要得多。她解释道，成功人士不一定是最具天赋的人，但一定是工作最努力的人。

我们或许觉得自己处于不利的条件，因为相比其他人，我们没有类似的机遇，面前是更多的困难和逆境。我们觉得自己不如身边的人聪明、有才华，或背景雄厚，但是归根结底，没有一件事比坚持下去的意愿来得更重要。你需要的是一步一步向前走，永不言弃。

我觉得有时候我们倾向于认为世界非此即彼。我们要么才华横溢，要么才疏学浅；要么精明能干，要么昏庸无能；要么无所畏惧，要么胆小如鼠。心理学家卡罗尔·德韦克（Carol Dweck）称之为固定型思维模式（a fixed mind-set）——认为个人的能力是一成不变的。如果我们以这种固定型思维模式看待世界，就会变得不愿意多努力一点。因为做更多的努力，只是多一次机会证明自己不够有能力。

但事实证明，我们的能力可以得到培养，勇气从来不是一蹴而就的。因为勇气不关乎你有多聪明或多有天赋，也不关乎你的想法有多么了不起或具有创意，更不在于你的学历或财力。相反，坚韧不拔的毅力、想要努力工作和永不放弃的意愿，才是真正重要的因素。

你不必一开始就明确未来的每一步，只需一步一步朝前走。你要记住，行动是消除恐惧的解药，只要不断朝正确的方向行进，只要不断为自己树立的目标采取行动（即使那只是一个纯粹的目标），终有一天你会成就自己。

勇气，说起来就好像肌肉，需要每天锻炼加以强化。勇气是你每一天所作的决定，是你有意识地选择迈出下一步，接着再迈出下一步。

勇气是无论身处何种情况，都毅然决定走下去。

因为没有任何东西可以取代坚持不懈。

勇气法则一览

1. 胸怀大志

相信自己的能力，明白远大目标是获得和保持动力的秘诀。

2. 敢于打破规则

不盲目听信，敢于为自己考虑，愿意相信自己的判断。

3. 永远做自己的主人

面对任何事物，你都可以决定自己如何做出反应，所以你必须对此负责。

4. 接受诚实的反馈

每个人都需要真正的责任关系，和那些讲真话、让自己变得更好的人在一起，即使忠言逆耳。

5. 人生没有对错，只有经验

不要害怕失败，因为我们最大的突破，往往来自我们最大的失败，让我们的人生没有遗憾。

6. 放下虚幻的平衡，为理想而生

不要相信你需要在人生的方方面面都达到某种虚幻的完美平衡，给自己自由空间，全身心投入一些重要的事中。

7. 只管向前进

世上没有任何东西可以取代坚持不懈，只要不放弃，你就可以做到任何你想做的事。

第三部分

行动中的勇气

在接纳了一套新的法则——勇气法则——并试着改变自己的思维模式后，你已经准备好实践这些法则，将其运用到你的日常生活中。带着恐惧前行、克服逆境，并创造你热爱的生活的唯一途径，就是迈出下一步。

行动是消除恐惧的唯一解药。

第 15 章

设定目标

如果没有瞄准的对象，你只会永远击中空无

假如你清楚要做什么，自然就会知道该怎么做。

——杰克·坎菲尔（Jack Canfield）

《成功的原则》（*The Success Principles*）

想象一下如下的场景。

你正坐在一架飞机上，大家都扣好了安全带，等待起飞。你的随身行李稳妥地放置在前座下方，你的小桌板已经收起，你的座椅靠背处于调直的状态。你甚至花了些时间观看救生衣的使用说明，并阅读了安全须知卡片，你把自己该做的都做好了，时刻准备起飞。

然后，就在你等待起飞的时候，机长宣布令人震惊的消息：

“各位乘客早上好，感谢搭乘本架飞机。我们的飞机即将起飞，不过老实说，我们还不确定要去哪儿。我们决定先起飞，等到了空中再决

定往哪里开。”

这番场景是否难以想象？

因为很明显，这样的情况永远不可能发生在现实生活中。每次登上飞机，你都很明确自己要去哪儿，更重要的是，机长同样一清二楚。即使飞行途中，机长不得不根据天气状况和飞行中的气流，对飞行路线做一些调整，但总方向依然是清晰的。机长的任务就是操纵飞机抵达目的地，并在沿途做出最佳判断。

搭乘没有目的地的飞机，很容易贻笑大方且徒劳无益，但现实情况是，我们中的大多数人普遍都以这种方式对待自己的生活。我们装模做样地过日子，总想着事到关头再临阵磨枪，希望能顾全生活的细枝末节，人生毫无目的与方向。关键问题是，没有一个清晰的目标，就不可能在过程中做出最好的决定。

没有目的，我们一定会迷失方向。

这就是为什么设定目标显得如此重要了，尤其是学习如何胸怀大志，并树立远大理想。我们需要这些远大理想激励我们完成大事，指引我们前行的方向。没有它们，我们只会像无头苍蝇一样到处乱飞。

在第8章中，我们讨论过胸怀大志的问题，以及设定突破性目标的重要性，它们会将你推出舒适区，点燃你心中的激情。我们谈论到，你要敢于相信自己潜能无限，敢于超越自我，创造精彩的事物。要敢于制定让自己都吓一跳的远大目标，那些会让我们呼吸急促、忐忑不安的目标。

因为这些目标会真正激励你。

你要明白，如果制定的目标令自己感到安逸，实现起来易如反掌，我们就已经陷入了先入为主的思维，处处自我设限，并安于现状。这样的目标毫无内在动力可言，因为它们太舒适和寻常，我们不必再突破自己、提升自己，不必付出更多的努力。于是，我们变得百无聊赖，失去耐心。

而与之相反的是学习如何设定目标。这包括设立并下定决心实现一个远大目标，一个大到令我们有些不安的目标。如此一来，我们就迫使自己离开舒适区，进入未知的世界。

不要忘了，你的呼吸急促与忐忑不安，都是有益的恐惧的表示，这是一种出于自我保护而产生的恐惧，当你需要做一些自己能力之上的事时，它们便会出现。下定决心实现突破性目标，为的就是创造这种感觉。

现在让我们谈谈在生活中制订突破性目标的三个步骤。

第一步：有远大的梦想

如果眼前没有任何阻碍，你会做什么？如果没有金钱、家庭、教育和工作上的困扰，你会做什么？如果只有你一个人待在一个充满无限可能、不存在任何限制的空间里，你会做什么？你是否曾给自己做白日梦的机会，摈除妄下的自我定义，不去无凭无据寻找理由否定梦想？

大多数时候，我们太过沉浸于当下的现实经历，很难想象出不同的状况。那些我们正面对的责任、限制、挫折和阻碍，压得我们喘不过气来，不容许我们腾出哪怕只有几分钟的时间去幻想，让事情变得有所不同。在我们的脑海里，当下的实际情况是我们唯一的现实。

我收到过数以千计封来自妈妈们的邮件和信件，她们告诉我，她们想制订远大目标，但生活太过忙碌，她们不仅要抚养孩子，还要照顾其他人，压根不知道自己的梦想应该是什么。她们想胸怀大志，却不知从何做起。

另外，她们还担心现在再胸怀大志为时已晚。

不过在这里我想告诉你，无论此刻你是否正处于这种状态，你都没有太晚。

信不信由你。

这个世界上有太多名流和成功人士，都是上了年纪才出名的。玛莎·斯图尔特（Martha Stewart）41岁出版了她的第一部著作，47岁才创立了价值几十亿美元的传媒帝国——玛莎·斯图尔特家居（Martha Stewart Living）。乔伊·贝哈尔（Joy Behar）早年是名高中英语教师，直到40岁才转行投身演艺事业。当40岁的王薇薇（Vera Wang）筹办自己的婚礼时，才发现自己真正的天职是成为一名婚纱设计师。朱莉亚·查尔德（Julia Child）50多岁时在《法国大厨》节目中崭露头角，并一举成名。萝拉·英格斯·怀德（Laura Ingalls Wilder）65岁时出版了她的第一部小说。

并非只有名人证明了无论什么时候开始都不嫌晚，实际上，在我们的调查研究中，我们也发现了无数女性过到后半生，才终于鼓起勇气追寻她们的梦想，尝试新事物，即使她们也曾担心别人评头论足，忧虑自己已经错失良机。

比如，谢利 · 蒙哥马利54岁那年，决定实现她的护士梦。身为3个十几岁男孩的单身妈妈，她白天做全职工作，晚上去护士学校上课，并最终以全班最优异的成绩顺利毕业。

玛丽 · 博特维克耗费4年时间撰写了她的首部小说，因为害怕遭到出版社拒绝，她悄悄把手稿藏进抽屉，假装它不存在。当40岁的生日即将到来时，她终于鼓起勇气将手稿寄给作品经纪公司。在此之后，虽然她的稿件的确遭到了多次拒绝，但她依然没有放弃，在一些积极反馈的鼓励下，她终于排除万难，如愿以偿地找到一家愿意代理她的作品的经纪公司。14年过去了，她又陆续出版了多部小说，如今的她，热爱通过自己的文字与世界对话。

艾米 · 洛夫想减肥塑造完美身材，但从小到大都不属于运动型的她，担心自己无法“融入”健身房。她花了几周时间才鼓起勇气安排向教练进行咨询，不过最终她还是做到了，并开始进行规律性的锻炼，虽然她的内心其实极不情愿。一年后，她的身材达到了一生的巅峰，她比以往任何时候都更有活力和信心。

相同的故事我还可以举出许多，就不再一一赘述。这些事实告诉我们，无论你现在处于怎样的生活状态，你的能力取决于你是否愿意有更大的梦想。这就是为什么，允许自己在没有任何评价和自我定义的情况下胸怀大志是如此至关重要了。让自己自由地勾画未来，不必担心要如何去做。

在第8章中，我分享过一些问题，希望你开始思考一下。

- 我一直想做什么?
- 有哪些是我感兴趣或充满热情，却自始至终不敢去做的事?
- 如果前方没有阻拦我的事物，我会做什么?
- 什么事会使我产生动力，或让我早晨能激动地从床上跳起来?
- 在生活所迫之前，我梦想要做什么事?
- 我希望自己5年或10年后在什么地方?
- 我的人生终极梦想是什么?它会是什么样子?

从现在开始，我们需要认认真真地胸怀大志，请设定30分钟时间来做这个练习。在这半小时中，请你关掉脑中那些不断告诉你“那不可能”“这么做很蠢”，或“你以为你是谁，可以这么想”的声音，把这些声音都关掉，然后开始想象。不要犹豫，不必担心可不可能实现，不用忧虑要怎样才能做到，更不要自我评价。给自己30分钟想象最漫无边际的可能性，即使它们听起来疯狂而不切实际。

允许自己胸怀大志，完成这一步后再继续阅读下文。

第二步：聚焦你的关注重心

一旦敢于开始梦想所有的可能性，你的下一步就是专注。你需要将你的选择范围缩小到具体的一件事上，把它变为现实。

你应该已经发现了，在第一步中，你必须摈除自我定义和自我评价，而到了第二步，你则需要将那些虚无缥缈的想法落到实处，至少是其中一部分。我仍然不希望你的一些梦想，因为表面上看起来不切实际或因为你不知从何下手，而遭到剔除，所以目前你还不必担心这一块。

现在请你仔细看一下你在第一步中梦想的所有事情，并问自己以下问题：

- 为什么这个想法让我兴奋，或者为什么这个目标对我而言如此重要?
- 当我想到这个目标或想法时，是否感到呼吸急促、忐忑不安?
- 如果从1分到10分打分，1分表示不怎么让人兴奋，10分表示令人激动到无法呼吸，那么这个目标或想法对我来说有几分?

一定要记住，切勿匆忙地回答这些问题。给自己充分的时间，好好思考每一个你构想的远大理想和目标，发现想要实现它们的动机，并找出其中最重要、最令你兴奋的一个。

在你做此练习，思考这些你勇敢想出来的目标和想法时，那件最令你感到兴奋和激动的事，很有可能会逐渐变得清晰。

针对清单上的每一个理想，都追问自己上述问题，你的选择范围会慢慢缩小。排除那些分数低于8分兴奋值的对象。对于那些不能激起你心中狂热的激情和能量的事，请再也不要去想了。

然后从剩下的目标或想法中，找出最能激发你热情和兴奋感的——同时也是最令你感到恐惧的——那一个。哪一个让你感到明显不舒服，却异常地叫人兴奋？哪一个似乎具有非凡的意义，好像能产生颠覆性的效果，或者能让你早上兴奋地从床上跳起来？哪一个让你觉得自己应该去做？

那一个，就是你的唯一目标。

顺便一提，假如没有一个选项令你产生上述感觉，那么你可能还没有真正往大处想，或者在制订远大目标方面，你的练习还不够。这个时候，请你再试着尝试一遍。

首先，你可以从其他地方寻找灵感，比如阅读你欣赏的名人的传记，试着报补习班（无论线上线下），考虑和你信任的伙伴、导师，甚至治疗师一起解决自己的心理障碍。然后再回头，重新做第一步中“有远大的梦想”的练习，记住一定不要带任何自我定义和自我评价。

接下来，看一下目前为止你所写下的内容，试着再把它们放大一些、增强一些，直到它们令你产生呼吸急促、忐忑不安的感觉，并伴随着一种澎湃的激情，让你有点害怕。有时，你必须逼自己一下。

第三步：下定决心

这一步非常重要，真正能对你产生实际作用。这个过程的第三步，是下定决心实现你的远大目标。请你把目标写下来，大声将它念出来，竭尽所能把它变为现实。

这一步最容易让你感到害怕！你的恐惧——伴随着内在动力——会

排山倒海地袭来，因为此刻你需要真正行动起来，让这个远大、疯狂的目标成为现实。

光是设定远大梦想还远远不够，世界上不乏爱做梦的人；光是选出一个目标还远远不够，许多爱做梦的人也只有一个梦想。问题的关键是你必须下定决心，全力为目标奋斗——向自己和他人做出承诺——让它成为现实。

它应该是你醒来后第一件想到的事，也是你睡觉前最后一件思考的事。它必须时刻放在第一位，它必须落实到具体的一件事。因为只有你下定决心去做，才会有动力更努力工作，更早一点起床，更晚一点睡下，走出自己的舒适区，或再花一些工夫完成任务。

要实现目标，需要你做哪些事？你是否需要告诉什么人？或者告诉很多人？你是否需要将自己的目标发到脸书上，或写在浴室玻璃上？你是否需要投入时间和金钱？怎么做能实现它？

因为一旦下定决心，你就已经准备好迎接挑战，愿意付出一切，即使它令你感到恐慌，变得难以实现。此时的你明白这件事值得你为之奋斗，然而首先你得全力投入。

是的，你也许会感到害怕。是的，你也许会觉得完全不知道自己在做什么，至少一部分时间是这样，也可能一直都是。但只要你下定决心坚持尝试，终有一天你会找到答案。车到山前必有路，即使此刻你还不确定那条路长什么样。

成功的秘诀在于毅力和决心，而这都要从你真正地、完全地认同自己的目标开始。你需要对自己的目标负责，把它写下来，大声告诉任何一个愿意倾听你的人，并将它百分百付诸实践。

因为一旦你开始实践，就不会忽视目标，于是奇迹发生了。当你下定决心实现你的远大目标时，所有你不得不做的牺牲——所有的血汗和泪水——都不再让你感到是一种负担或劳累，你会心甘情愿地去做，心里明白这条路很难，但它是值得的。

所以，现在就去设定你的目标。因为如果没有瞄准的对象，你只会永远击中空无。

第16章

找到你的意义

你的意义必须比你的恐惧更强大

如果我们知道自己生命的意义，我们就能生存于任何环境之中。

——尼采（Friedrich Nietzsche）
《偶像的黄昏》（*Twilight of the Idols*）

2014年，我创办了精英博客学院（Elite Blog Academy，EBA），教授胸怀抱负的企业家、作家、演说家、手艺人、政府官员和活动家，如何将他们的激情转化为成功、盈利的网络公司。在此后的几年里，陆续有将近一万名来自全球60多个国家的学生完成了该课程。

看到如此成果，我感到又惊又喜，但我不得不说，在指导其他企业家和网络公司经营者的过程中，最令我感到高兴的是看到一些人身上发生的惊人转变，这些转变是由于他们接受了一些在旁人看来有点疯狂的想法，并将其付诸实践，其中不仅包括一个具体的产品，也有企业，甚至一个政府部门或社会活动。

那一刻，人们发现他们可以做得比自己想象中的好无数倍，而且老实说，这一刻比任何时候都令人激动和欣慰。

话又说回来，每当目睹这些令人敬佩的转变，我总能被他们身上所共有的一个简单事物所触动。

那就是他们拥有的，放在首位的人生意义。

这句话完全适合用在詹妮弗 · 马克思的身上，她是一名单身妈妈，面对从事了近20年的导游行业即将遭到淘汰的现状，她不得不寻找一个新的谋生方式。随着收入日渐减少，加上还要照顾正处在艰难时期的女儿，她迫切需要找一份在家办公的工作。

当快要失去自己的房子，一个月比一个月更加陷入债务的泥潭中时，她用剩下的仅有的贷款，购买了精英博客学院的课程，然后埋头创立自己的网络公司。一年后，她就凭借自己的网站JenniferMaker.com，每月所挣超过两万美元，同时偿还了自己的债务，拯救了整个家庭。

这句话适合用在卡罗琳 · 文西尔的身上，18岁意外怀孕，成为少女妈妈的她，相信自己已经毁掉了自己的人生。虽然不久之前，她还曾梦想当上CEO，让大家刮目相看。然而现实跟她开了一个玩笑，她很快结婚，并从学校退学，在很短的时间里又接连生了两个孩子。

但她看到了网络创业的潜力，认为这是一个拯救自己、为家人创造更好条件的机会。和詹妮弗一样，卡罗琳的人生意义，令她将生活的重心完全放到课程中。几个月后，她的网站CarolineVencil.com的收入，已经远远超过她丈夫的工资收入。她成为了自己公司的CEO，同时彻底改变了家庭的生活轨迹。

这句话同样能用在塔莎·阿格鲁索身上，这名压力过大的公司律师，夜以继日地在医疗诉讼中为医生辩护，可她内心只想待在家里陪伴自己3岁大的双胞胎——这对奇迹宝宝是她花了5年时间才怀上的。有钱总是一件好事，但压力也是无情的，她想逃离这一切。

于是，尽管几乎没有多少空闲时间，她还是决定开始创业，挤出每一分每一秒，用在经营自己的室内装饰网站Kaleidoscope Living上。16个月后，她通过网站赚的钱，已经超过了她作为律师事务所合伙人赚的钱。最终她放弃了合伙关系，离开了律师界，从此再也没回头。

詹妮弗、卡罗琳和塔莎各自都在网络创业上取得成功，是因为她们的人生意义比她们的恐惧更强大。没错，要获得成功，她们必须付出非常多的努力，她们还需要冒险、尝试新事物，她们必须起早贪黑。我可以肯定，她们经历过无数次沮丧、挫败，有过想要放弃的念头，但是她们的人生意义，支撑着她们走了下来。

我能将所有这些故事联系起来，因为当我刚开始创业时，我的人生意义也是如此支撑我继续前进的。我给自己立下目标，赚足够的钱好让我的丈夫查克不用上班，但这个目标对我而言如此重要的真正原因，是我清楚他的工作正在击垮他。

他很痛苦，每天下班回家，我能看得出他一天比一天垂头丧气，我知道他心里很压抑。我们俩很早以前就达成共识，我们之中一个留在家里照顾孩子，而他是一名航空工程师，我相信自己永远不会挣得比他多，于是他扛起了养家的重任。

正是这个人生意义，一直鼓励着我学习一切有关博客和网络创业的知识。正是这个人生意义，促使我趁孩子们在睡觉，每天凌晨3点起床——有时更早——工作，整整3年一如既往，这样我才能在白天腾出时间照顾孩子。

正是这个人生意义令我坚持了下来，即使它做起来很难、叫人迷茫、使人受挫，即使需要面对不断犯错。正是这个人生意义，将我推出了舒适区，去尝试令我感到害怕的事物，比如制作视频、上电视、参加会议，然后在会议当中发言。

也正是这个人生意义，最终让我建立了我的事业。

清晰明确自己的人生意义，是激励自己做艰难的事、离开舒适区，并且在遇到困难时坚持不懈的最佳途径——可能也是唯一途径。虽然它不一定能让事情变得简单，但它一定会让痛苦变得值得。有时候，这一点已经足够你为此付出。

你知道你的人生意义吗？你知道是什么在激发你的动力，带给你人生的目标？你知道什么东西值得你为之奋斗吗？你要如何运用这个动力得到你欲求的东西呢？

找到你的人生意义，所有的问题都会迎刃而解。

制造催化剂

在探究恐惧的过程中，我和我的研究团队发现，每一个关于克服逆境、战胜恐惧的故事里，不出意外都包含着对付恐惧的催化剂—— 一种促使受访者采取行动的原因。这个原因有时是某个促成改变的人，有时是某起事件或不幸，有时只是一个有意识的选择。总之，会有那么一件事产生催化效果。

我们对这个发现产生了浓厚的兴趣，意识到每一个勇敢行为都来自独特的催化剂激发，促使我们想要深入挖掘是否有方法将这些催化剂有效分类。最后我们意识到，所有这些不同的催化剂，可以大致归结为以下五类：

- 精神创伤、不幸，或巨大的人生变故
- 外界给予的机会
- 责任或鼓励
- 灵感或教育
- 对现状的不满，以及自觉希望有所改变

催化剂的连续集合

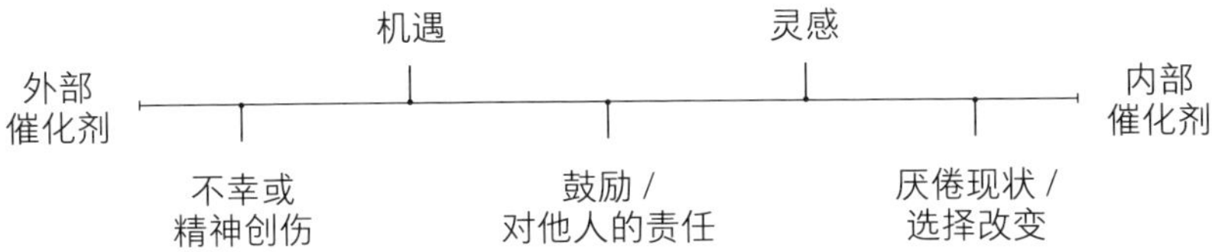

通常情况下，这些催化剂会分布在连续集合的各部分，范围从外部因素，例如完全不在个人掌控之下的环境，到内部因素，例如个人有意识的选择和能够操控的环境。所以举例来说，连续集合的外部催化剂，往往包括一些造成精神创伤的事件或不幸——你的一些遭遇，促使你采取行动。连续集合的内部催化剂通常很简单，可以是你个人自觉的行动，不愿让恐惧阻碍自己。

当我们放眼催化剂连续集合的中间部分，会发现一些真正有意思的地方——这里的催化剂是个人意志与环境的结合体，是凭实力和靠运气的结合体，它们介于尽力而为和听天由命之间。这其中包括机遇，它虽然经常来自外界，但也需要你主动抓住它，并为己所用。中间部分的催化剂，也包括责任关系，有时你愿意主动承担，有时被动而为；还包括灵感或指导，它们可以来自外界，也可以来自内部。

在克服困难的过程中，为什么它们如此重要呢？

说起来，之所以重要是因为它们证明了，在制造能促使我们克服恐惧的催化剂方面，我们比自己想象中更具控制权。并非我们每个人都有意志力或动力“决定”让自己克服恐惧——尽管我们确确实实拥有这个能力——但我们可以有意识地寻找灵感、责任关系和更好的机会。

因此，如果你无法找到你的人生意义、激励自己的方式，或总是犹豫不决，它们能够成为你前进的保障，督促你、帮助你找到目标。

假如你想鼓起勇气创业，那么你需要制造的催化剂可以很简单，比方每天早晨收听一些鼓舞人心的或创业方面的播客—— 一些能不断激励你采取行动的内容。假如你想达到减肥的目标，你需要的催化剂可以是聘请一名教练或加入慧俪轻体（Weight Watchers），获得更多监督指导。假如你想在工作中晋升，你需要的催化剂可以是主动询问上司是否需要协助，为自己创造更多机会。

如果你的人生意义目前还难以实现，那么你可以集中精力为自己创造一个能激发你成功的环境。也许你无法控制人生的方方面面，但你可以控制的东西远远超过你的想象。先把这些保障措施落实到位，尽力制造催化剂，最终它们一定能引领你做出改变。

与更大的理想联系在一起

不久前，我立下目标，希望到40岁生日时，自己的生活能达到最佳状态。我花费8年发展我的事业，几乎所有醒着的时间都盯着电脑屏幕，于是在不健康饮食习惯的协助下（玉米薯片是我的主要食物），我看着自己的体重在不断攀升，我明白有得必有失。

这不是因为我过去没意识到这个问题，也不是因为我没有时不时试着减肥的缘故。我曾经尝试过卷心菜汤减肥法（the Cabbage Soup Diet）、GM饮食法（the GM Diet）、脂肪冲洗减肥法（the Fat Flush Diet）、快速代谢饮食法（the Fast Metabolism Diet），以及零小肚子减肥法（the Zero Belly Diet）等各种减肥方法。那种简单、花哨的减肥方法通常能令我快速减肥，但不可避免的是体重的迅速反弹。而其他的减肥方法又显得过于繁复和费时，我坚持不了几天就放弃了。

于是我开始告诉自己，发展事业才是我的第一要务，我根本没有闲心耗在减肥、锻炼或尝试吃得健康上。我拼命说服自己，体重增加不是多么糟糕的事，因为我个子高，估计没人能看出来。

然而在内心深处，我变得对自己越来越不自信。我开始拒绝面对镜子中的自己，开始躲避我的丈夫，不想让他看到我的身体。在工作中，我也不再愿意抛头露面。我拒绝了媒体宣传的机会，避免任何形式的录像和摄影。社交网站上，我也不再发布自己的照片。

我曾一度坚信自己再也不可能把体重减轻了，所以我放弃了尝试。

但是，一件事使一切发生了转变。我进行了一次个人静修，花了5天时间阅读、写作，回想那些发生在我生活和工作中的事，以及自己真正想要的东西。接着，我就有了一些顿悟。首先，我的婚姻生活不够圆满，我在躲避每个人，包括我的丈夫，结果是我们各自都沉浸在苦恼之中。其次，我的工作也做得不够好，作为一家公司，我们成功的很大一部分原因，直接在于我与人沟通的能力，以及我的真实可信，但现今的我已不再如初。

有史以来我第一次深刻地意识到，我对自己身体的感觉，直接关系到我那个更大、更重要的——同时也是更激励人心的——目标，那就是希望自己拥有一段美好的婚姻和一份成功的事业。当我将减肥和保持良好身材的目标与更高的理想联系到一起，就找到了坚持下来的动力。

但是你需要明白一点，明确自己的人生意义，并让自己与更大的理想联系在一起，并不会让减肥变得简单一点。我仍然必须计算摄入的卡路里量和自己的运动量，虽然我心中不太情愿。我仍然必须为自己建立保障措施，例如聘请教练督促我，申请送餐服务，让我更自觉地选择健康的饮食，我仍然需要选择放弃吃玉米薯片。

大多数时候，这么做一点也不会让我感到愉悦，因为我讨厌训练，并且真心喜欢吃玉米薯片。但当事情变得难以应付时，只要想到更大的理想，我又会获得坚持下去的力量。它提醒我，我现在所做的牺牲是值得的，我所受的痛苦最终会得到回报。

你心中更大的理想或许不会对你产生什么作用，你的动力也许来自你对家庭、朋友或你深信不疑的事业的责任或义务。或许你接受了上帝的旨意，你的理想只是为了服从。也许你的动力源自希望自己经济独立，这样你会感到真正的自由。也许你只是想改变世界。

把你的人生意义放在首位

当你将自己与更大的理想联系起来后，接下来尤为关键的事，就是时刻把人生意义放在首位，不断提醒自己什么才是最重要的，并且不厌其烦地对自己重复。

因为这件事很容易忘记，特别是当困难来临之时。

而且我敢保证——困难一定会找上门！因为每当你追寻一个远大目标、挣脱舒适区、面对恐惧，或准备做一些真正重要、伟大的事时，你就会遭遇越来越多的困难、窘境和痛苦。

对于我个人而言，仅仅一次把自己与更大的理想相连是远远不够的。我必须每天——每一个早晨——提醒自己为什么这个减肥目标对我如此重要，我必须清楚这个目标会对我的婚姻产生怎样的影响，思考所有我想在事业上成就的事，然后告诫自己，保持良好体型是做好上述事情的第一步。我并不会因此减少对玉米薯片的热情，但每当如此思索，我真的变得更坚定了，面对诱惑时也能回到正轨（受诱惑的次数多到我不愿承认）。

对你来说，或许你可以把你的人生意义写在你经常会看到的地方——比如日记本里，或你的计划表上，甚至可以是办公室的白板上。说不定你需要做一块启发板——将你的人生意义可视化——或贴几张照片，提醒你记得更大的理想。你也可以直接在浴室的玻璃上贴上激励自己的话，这样每天早晨当你刷牙的时候便会读到。

当然，上述的方法你也可以全都使用。

关键是确保你正竭尽全力与更大的理想联系起来，并时刻把你的人生意义放在首位，你必须每天提醒自己，如果有必要，一天数次也无妨。每天清晨醒来的第一件事，应该是思考它们；每天睡前的最后一件事，也应该是思考它们。

这样，当事情变得艰难时，你就有足够强大的人生意义，击碎每一个恐惧。

第 17 章

制订你的行动计划

把你的远大目标分解成易于管理的小块

一个没有计划的目标，只是一个愿望而已。

——戴夫 · 拉姆齐（Dave Ramsey）

不是每个人都像我一样，会欣赏一个周全的计划。

比方说，我丈夫。

事实上，在提前计划的问题上，我们两个人的想法截然相反。我喜欢明确了解自己该办的事，而他呢，如果接下来的安排超过两件事，他就会感觉到压力。

值得庆幸的是，这么多年来我们已经学会了容忍彼此的怪癖，找到一个对我们双方都有效的平衡。而我经常把周一到周五都安排得满满当当，给周末腾出灵活的调动空间。

你知道我为什么告诉你这些呢？其实在接下来探讨我自己如何计划

时间之前，我主要想说的是，我的计划方式不一定适合每一个人，你不必为自己不能适应而担心。不过我也相当清楚，如果没有一个切实可行的行动计划，大多数人会变得无从下手。

在第15章中，我们提到过设定目标的重要性——允许自己设立远大梦想，然后聚焦你的关注重心，下定决心实现这个大到令你恐惧的目标。而且我还告诉你，你需要考虑目标是什么，不必着急思考如何实现。

也就是说，当你已经开始胸怀大志，并且明确你真正想要什么、为什么想要它之后，你就需要思考如何做了。

虽然你可能更喜欢灵活可变的生活——或许你很擅长这样——但假如你想真正实现自己的远大目标和梦想，那就需要制订一个可靠的计划。在我们制订行动计划的过程中，有一件事请铭记于心：为了你及你的伴侣，你也许还需要把计划安排到松散的时间里。

把大目标分解成小目标

于是问题来了，我们该如何做呢？该如何将这个远大目标变成有计划的实际行动，最终获得你想要的东西呢？毕竟，萌发一些疯狂的想法是一回事，真正实践它又是另一回事了，我们要从何开始呢？

从本质上来说，制订一个计划，是将大目标分解成小块的过程，首先要把原先不确定的“某一天”定为今年，然后将今年具体到本月，其次将本月具体到本周，最后具体到今天。你需要先拥有一个大的蓝图，接着将它落实到日常的决定和行动步骤上，从而达到你想要的目标。说到底，实现宏伟的目标从来不是一蹴而就的，需要你一步一个脚印朝正确的方向迈进。

虽然这听起来非常简单明了——事实也的确如此——但令人惊讶的是，很多人从来不花时间做这件事。相反地，大多数人只考虑“什么事情最紧迫”，如此度过了一年四季。他们将精力和时间花在此刻看起来重要和关键的事情上，一点也不考虑这些事务是否与未来的蓝图有冲突。我们一直忙忙碌碌，但并不总是有目的地在忙。

我们的生活永远都过得无比充实，一直有事可做，无论那是什么事。对大多数人来说，每天需要做的事非常之多，时间总是不够用。

从某个角度而言，我们必须做出选择。但假如我们总是把紧急的事放在重要的事之前优先处理，那么远大的目标会变得难以实现。如果你在设定目标上犹犹豫豫，或在实现目标上不抱自信，那你很可能已经有相当长的时间，把紧急的事放在了重要的事之前。

当那些远大目标在我们面前显得没有当下的急事来得紧迫，当它们的效果更多地在于未来而非当下，我们很难会花时间在它们身上。尤其当追寻目标时，需要经历更多磨难和痛苦，一点不让人感到愉悦的时候。天性会驱使我们推迟这些事，转而去做那些目前看来重要，或会立即给我们带来快感的事。

所以我们可以得出结论，把大目标分解成小目标，再把小目标分解成更小的、更易于管理的小块，成为具体可执行的任务，是相当重要的。

一旦你完成这个任务，会产生短暂的满足感，当把它们从要做的事情清单上划去时，会产生一种成就感，同时还会给你带来一种持久的满足感，觉得自己又离远大目标近了一步。

在这里，我们可以打个比方，如果你的远大目标是彻底清除债务，那么你今年的目标之一可以是把所有的信用卡还清，而你本月的目标可以是把最小额欠费的信用卡还清，本周的目标可以是审视自己的开支，每天的目标可以是停止外出就餐，不再去星巴克。

同样的，如果你的远大目标是成为畅销小说作家，那么你今年的目标之一可以是真正撰写你的第一部小说，而你本月的目标可以是书写小说的前四章，本周的目标是完成一个章节，每天的目标是至少码1000个字。

如果你的远大目标是跑马拉松，尽管目前你超重了20公斤，那么你今年的目标之一可以是跑完你的第一个10公里，而你本月的目标可以是跑一公里，中途不停，本周的目标可以是至少跑步3次。而且从此以后，你还需要每天做出抉择，决定是否跑步。

顺便说一句，如果这些目标似乎过大、疯狂而不切实际，不要觉得奇怪，因为它们就该如此——这才是要点！假如你写下的目标不大到足以令你畏惧，那么在开始行动之前，请回头看看是否能把目标变得再大一点。记住，凡事皆有可能。你的梦想有多大，你的成就就有多大。

你明白怎么做了吗？我们只需制订一个远大目标，然后把它们分解成更小、更易于执行的步骤，它们让你更容易集中精力，更接近你的远大目标。

时间方块

当然，在谈及实现目标的问题上，最重要的莫过于把每月计划分解成每周可以完成的任务了。

我个人比较喜欢用一种特殊的规划模板，我把它叫作Weekly Wizard™，来开始我的一周规划。它会帮我确定本周头等重要的事——主要焦点，以及前三项重要的任务——“A”类任务——必须本周内完成，才能让我更接近目标。

我们之中没有人活在真空中，除了我们最重要的任务，也就是能让我们更接近目标的任务以外，生活中我们还有许多应该做的事——所有那些我们曾优先处理的事，因为我们觉得它们更紧急。既然这些任务很重要，它们应当被归为“B”类任务——应该完成，但不必以耽误“A”类任务为代价。

请牢记，只有你的“A”类任务能让你更接近你的长远目标！虽然此刻回复一封紧急邮件、整理换洗的衣物，或准备吃晚饭似乎更重要一些，但事实是，如果你想变得更高效，并最终达到目标，你就必须专注于你的最大、最重要的任务！说到底，邮件不会凭空消失，你能随时叫外卖，只要你还有干净的内衣，那在此之前都不必担心。

接下来我们谈谈“C”类任务，这些是你还有空闲时想做的事，但

我的一件事	我的专注方块
	1 ___:___/___:___
必须完成	
○ ______	
○ ______	2 ___:___/___:___
○ ______	
○ ______	
应该完成	3 ___:___/___:___
○ ______	
○ ______	
○ ______	
○ ______	4 ___:___/___:___
希望完成	
○ ______	
○ ______	
○ ______	5 ___:___/___:___
○ ______	
其他人需要我做	
○ ______	
○ ______	
今日成就是	6 ___:___/___:___
我要如何庆祝	

每日专注表

不是非做不可，而且如果有必要，你完全可以推迟到下周再做。如果你的“A”类任务尚未首先完成，就不应该完成这类任务。

另请注意，这张Weekly Wizard表可做成一本便笺簿，我把它贴在Living Well Planner的每周安排页面上。无论Weekly Wizard还是Living Well Planner，都能在livingwell.shop上找到。

在做每周计划时，除了填写Weekly Wizard，还有一个步骤需要你做。你应该已经发现了，当你对必须做的事有了清晰的认识，并且明确孰轻孰重后，就需要在计划表上划分出时间一心一意执行。请心中牢记一点，我们只会做为之腾出时间的事，所以如果你不为自己最优先的事情划出时间，时间就会不知不觉溜走。

本质上，这就好比你跟自己预约时间完成任务，并像对待日历上任何其他的预约一样认真对待。首先，把既存的预约时间安排好——那些早就存在的活动、会议和不能更改的约定。

下一步，也是最重要的一步，你需要把日程安排上剩下的所有时间都预留给“A”类任务，这些让你接近自己远大目标的任务。请记住，这么做一开始会让你感到不适应，因为你需要为那些现在看来并不着急或紧迫的事情腾出时间。但为了真正把实现远大目标作为人生的首要任务，你需要为此抽出时间并严格遵守，就像你遵守其他的约定或会议那样。

为“A”类任务安排好时间后，你可能也需要为“B”类任务留出时间，特别是那些感觉很紧迫的事情。我想再重复一遍，如此划分时间，可能会让你感到不习惯，但这是我找到的能确保自己对自己负责的最佳方式。

以下还有一些建议值得参考：

- 永远为重要任务多留出一些时间。你需要花费的时间，总是比你预期的要长！一开始就给自己预计所需时间的两倍时长，当你能够较准确地预估后，再把时间缩短。

- 如果可以的话，尝试把你的时间划分成1到2小时的区块。研究表明，这是专心工作的最佳时长——这个时长足够你真正投入工作，且不至于太长而使你的大脑罢工。

- 每天都安排一些灵活的时间区块，灵活时间区块里没有固定安排，用来弥补某些时间的不足，或处理当天的紧急事件。当天的不确定性越多，你就要给自己留出越多灵活的时间。

- 不要忘记算上通勤和/或准备的时间。

- 不必为自己安排了娱乐消遣时间而感到内心不安，这些时间包括锻炼、冥想、看电视、阅读、和家人在一起的时间，或只是一些灵活的时间。每个人都需要休息一下，提前规划自己的休息时间可以让你更放松地享受时光，心里不会有任何负担。

成功做到上述内容的关键，在于要像履行对他人的承诺一样对待自己给自己设下的约定。万事都是熟能生巧，你练习得越多，划分时间对你而言就会变得越容易。

每一天的抉择

现在，你已经将自己的远大目标分解成一个个可以执行的小步骤，也学习了划分时间的秘密，我真希望我可以对你说，接下来你将一路顺利地朝目标进发。毕竟，你早已对自己想要什么，以及需要做什么才能达成目的了如指掌了。最难的工作都已经完成了，不是吗？

答案是，还不够。

实际一点说，虽然你已经给了自己一张清晰的地图——或者用现代时髦的话来讲，是做了GPS导航——但你还必须开车，把自己送到想要去的目的地。

换句话来说，你需要每天都下决心，按照你的计划，实际行动起来。你需要每天都下决心，专注于你最大、最重要的任务。你需要每天都下决心，尽可能达到最高效率。

这不是一个容易做出的决定，有时候，尤其是当事情变得困难，我们不太愿意去做那些需要做的事的时候。还有一些时候，我们被各种急事围追堵截，比如需要我们阅读的邮件，一个需要马上完成的项目，姐姐说的一些难听话，PTA（家长教师协会）中爆发的激烈争论——虽然我们发誓不再关心，一个所有人都津津乐道的最新减肥法，这一切都让我们很难把精力集中到自己的远大目标上。

前些年我读过一本书，这本书彻底改变了我处理日常任务的方式。书名叫《吃掉那只青蛙：博恩·崔西的高效时间管理法则》，作者博恩·崔西（Brian Tracy）。该书名的灵感，来自马克·吐温经常引用的一句话："假如你每天早上的第一件事就是生吃一只青蛙，接下来的一天会过得比较顺利，因为你很清楚这可能是一整天之中最糟的事情了。"崔西在此基础上还引申了一句："如果你必须生吃两只青蛙，那就先吃比较丑的那只。"这句引用——以及这本书——旨在说明，如果在一天当中，你优先处理最难（最丑）但却最重要的任务，那即使接下来的时间你不做什么事，你也已经完成了相当多的事。

人生稍纵即逝，你很容易因日常琐事——尽管它也很重要——而虚度光阴。我们常常花费大把大把的时间收拾烂摊子、回应其他人，而不是积极主动地完成自己想做的事。

这种生活方式的最主要问题是，我们的意志力会被耗尽。每天早晨，我们怀着一定程度的自律开始新的一天，随着时间一点点过去，我们心中的坚定信念会慢慢消失。当我们以处理单调、简单的工作开始新的一天，我们就是在浪费我们的意志力储备。早上起来第一件事就"吃我们丑陋的青蛙"，潜台词是把你最不愿意做的事情直接做了，这需要你具有足够的毅力和自律。

生命中的任何一天，我们都有专属自己的"青蛙"需要吃。如果我们重视自己的目标，热切期盼实现自己的梦想——无论那是什么梦想——我们就必须每天下定决心做一些事，让自己离终点线更近一点。

我们必须有意识地确保自己先做重要的事。我们必须接受一个事实，假设不优先处理我们的长期目标，就永远没有足够的时间和精力实现我们的梦想。因为我生待明日，万事成蹉跎。

多年来，我一次又一次地认识到，养成良好的习惯是有所成就的关键。我们养成的好习惯越多，就越有毅力和勇气追寻自己的梦想。

因此，如果我们能把优先处理最重要的事作为一种习惯，作为一种不假思索的本能，我们的大脑就会自动发挥作用，我们也会更自觉地处理“B”类和“C”类任务。这听起来似乎好得令人难以置信，但事实确实如此，如果我们越来越自觉，我们克服困难的毅力储备也会越来越多。我们的日常习惯最终会决定我们的成就，而这就是它们的价值所在。

所以我极力推荐你利用早晨开始工作前的15分钟规划一天的安排，这是提高工作效率、实现目标及梦想的最有效途径。

就我个人而言，我会利用Daily Do It™便签（你可以在livingwell.shop网页上找到它），做我每天的日程规划。这些记录旨在让你以正确的方式开始一天的生活，并时刻鼓励你专注于自己最远大、最重要的任务。Daily Do It便签其实更像高效生活的行动指南，它会让你集中精力，保持清晰的思路做事——它提供的帮助往往超出你的想象。肯定有人会觉得，每天做这件事似乎是一种时间的浪费，特别是当你的大多数任务每天都一样时，但我敢保证它绝对会让你的效率成倍增加。

不花时间做计划，会让我们变成一只无头苍蝇。然而，如果每天制订行动计划，并将大目标分解成易于管理的小块，我们就很容易能坚持到底。

这就是每天的抉择能决定成败的原因。

我的一件事

必须完成

○
○
○
○

应该完成

○
○
○
○

希望完成

○
○
○
○

其他人需要我做

○
○

今日成就是

我要如何庆祝

每日专注表

● 如何利用Daily Do It便签计划你的一天

我的一件事：

今天你做好哪件事，可以让其他事情做起来变得容易？它应该是你今天主要关注的事。请确保你选择的任务反映出这个重点。

必须完成：

这些是你的“A”类任务，它们会让你离你的远大目标更近一步。将它们放在清单的首位，提醒自己为此腾出时间。

应该完成：

这些是你的“B”类任务，它们需要你完成，但与你的远大目标没有直接关系。

希望完成：

这些是你的“C”类任务，如果有多余的时间你很乐意去做，但不做也不会产生多坏的影响，注意千万不要把任何“A”类任务放入此处！

其他人需要我做：

这里都是其他人请求你做的事，但它们也许不适合你今天花时间做。

今日成就是……

你如何定义今天的成就？你做的哪件事让你觉得有所突破？有没有发生什么特别的事？或你是不是能保持一天都集中精力？提前明确你的意图，这样你就能正确评价你的成就了。

我要如何庆祝：

你将如何庆祝你的胜利？庆祝能让你对自己的高效保持动力和兴奋感，告诉你自己正在不断进步，一定要想个方法犒劳自己！

第 18 章

找到你真正的朋友

和那些会让你变得更好的人在一起

如果你和鸡混一起，你就会学鸡叫，然而如果你和老鹰在一起，你就会懂得飞翔。

——史蒂夫·马拉波利（Steve Maraboli）

我想说，我总是能清楚地辨认出谁是“跟我一路的人”。我最亲密的朋友，是那些我可以在他们面前毫无顾忌做自己的人，是那些我从不担心他们如何看待我的人，是那些无话不说的人。

我经常能立刻分辨出谁是我的朋友，但并非每次都如此。打个比方，我和盖伊几乎是一见如故，当时我们同时在参加一场小型会议，就在她举手说出我正打算提出的在当时还不被普遍认同的观点时，我心里便明白她和我注定会成为朋友。后来我延长了我的旅程，并立即搬去她的酒店，这样我们就能多在一起待几天。

我们在一起度过了一段愉快的时光，然后便各赴前程，其间虽然我们有过几次书信来往，但直到18个月后，我碰巧来到她所居住的纽约市，我们才真正促膝谈心。我发短信问她中午是否有空一起吃饭，她说有空，于是我们相约午餐，由于聊得太过投机，这顿饭一直延长到下午茶，最后我们一起共进了晚餐。

那个时候我才真正明白，好朋友是那种即使几个月甚至几年都没说过话，但只要一见面就能像昨天还在一起似的聊得来的人。

不过我喜欢盖伊，主要因为她会直言不讳地指出我的不足，以及我需要改进的地方。她一点也不害怕说真话，一点不担心说那些其他人不敢告诉我的话，我希望她也是如此评价我的。

我和苏西结交为朋友就没这么迅速。苏西金发碧眼，和蔼可亲，是我见过的最美貌、最乐观向上的女子。她热衷于参加各种派对，我承认当我第一次见到她时，她在我眼里就是一个头脑简单的家伙，我们之间不会存在什么共同语言。

后来我们碰巧并排就座共进晚餐，于是闲聊起来，内容有我们的童年，也涉及与患有精神疾病的母亲一起成长的事。我们的交谈内容深入、触及心底，我很快意识到自己完全错看了她。

因为事后证明，苏西其实聪明伶俐。除此之外，她的乐观向上也并非光停留在表面，而是靠长年累月的努力得来的。苏西过去一度穷困潦倒、无家可归，她的第一任丈夫曾对她拳脚相向，这一切经历足以击垮大多数人，但她却站了起来，拒绝选择放弃或逃避。

我还有一位至亲好友劳拉，在见到她之前，我就认定我们会合得来。盖伊和苏西都是她的好友，她们俩一致推荐我和劳拉相互认识。当我们终于见面，真的有种相见恨晚的感觉。

这三位聪明、有趣、真实的女性，组成了我的“真相俱乐部”。她们会鼓励我，对我负责，她们不怕指出我的错误，会告诉我是否走在正确的道路上。她们会逗我笑，也会让我哭。但她们永远、永远以真实待我。我们之间没有伪装，没有装腔作势，也没有过多压力——只有真相、弱点、诚心诚意，以及帮助彼此克服恐惧、让大家都变得更好的共同愿望。

我们每隔几个月会发起为期3天的智囊团活动，每个月我们会电话会议一次，互相谈谈最近的状况，给彼此一些指点。平日里我们也经常短信往来，给对方一些鼓励，征求各自的建议，同舟共济。

我对这三位女性的感激之情溢于言表，正是她们让我拥有了多年深厚而真实的友谊。我喜欢在自己的生命里，有人能跟我说实话，无论它是否忠言逆耳。随着岁月的累积，我越发认识到这种友谊的难能可贵，它不仅仅给人带来表面的快乐，还培养了真正的责任关系，这种友谊会让你相信，你能做得更好。

你身边是什么样的人，你就会变成什么样的人

作家兼企业家吉姆·罗恩（Jim Rohn）曾经说过，我们身边最亲近

的5个人的平均水平，会成为我们自身的水平。这句话或许有点言过其实，但事实上，无论我们意识到与否，我们的友谊和亲情关系确实对我们的生活方式产生了巨大的影响。

我们从小就被教育要融入集体、循规蹈矩，这个习惯于是伴随了我们的一生。我们按照某种特定形式打扮自己，以某种特定形式说话，参加某种特定形式的活动，看某种特定形式的电视节目，吃某些特定的食物，为某个运动队加油助威，喜欢某种特定类型的名人，驾驶某种特定形式的轿车，以某种特定方式投票，在某些特定商店购物，看某种特定类型的书籍，讨论某种特定的话题，因为我们周围的人——我们周围的圈子——都这么做。

我们以为这是我们自己做出的决定，但事实真是如此吗？如果突然扎根到一个截然不同的新环境中，我们的品位会发生多大的转变？

去年，我和丈夫举家搬迁回我的家乡，华盛顿的小镇林登。我年迈的母亲最近被诊断出患有老年痴呆，我们在此居住一年，方便照顾母亲。林登风景如画、景色宜人，加上人口主要来自荷兰移民，这里美得让人怀疑它的真实性。我从小在这里长大，所以根本没注意到此处特有的风土人情，但我的丈夫，身为一名异乡人，确确实实感受到了不同。

比方说在林登，每当遇到一位新到访的客人，你就必须与他“建立联系”，这个过程有时被称为“荷兰式宾果游戏”。首先你要打听出他的家人是谁，然后找出他们与你的联系，无论是通过教会认识，还是通过学校，或者是家族关系。查克总是会被一些陌生人弄得丈二和尚摸不着头脑，因为他们会想方设法找出与查克的联系，比如查克岳父的远亲曾搬到林登并娶了他们姨婆的嫂子（或者与之类似的故事）。

在那个小镇居住的一年中，我们还发现了其他不同之处。例如，这里妈妈们的打扮非常独特，虽然她们彼此之间有相似的地方，但和佛罗里达的妈妈们穿得全然不同。再比如，没有人在星期天修剪草坪，人们交流的话题往往离不开运动。这里的文化似乎有种特殊的力量，人们并非有意而为之，但只要住在这里，就会不自觉地受其影响。

诚然，在一些一辈子都在林登的人眼里，在祖祖辈辈都生活在林登的人眼里，林登就是独一无二的存在，而这也使得林登拥有了较封闭的社会。虽然大多数的社会圈子不会如此趋向一致，但它们的确发展出了其特有的行为标准。

你不必为此过于担心，只要你接受的行为标准，无论是有意识还是无意识接受，符合你内心的价值观即可。

如果你工作圈子里的人都比较消极，没什么干劲，或者大家习惯抱怨、说三道四，你可能会逐渐发现，自己身上也出现了这样的特性。如果你所去健身房里的女士，看起来更像是走T型台，而不是上跑步机，你或许也会开始在自己的运动着装上下功夫。如果教堂里的每个人都在用基督教用语说话，通常你也会在不知不觉中开始说。如果你圈子里的家长一心想让他们的孩子进入“好”大学，或进入“好”的足球队，你可能也会这么做。

如果你和一些不具备成长型思维模式——没有兴趣离开舒适区、尝试新事物，或设立远大目标——的人在一起，那你也会很难找到上进的动力，至少你不能拥有持续动力。

那么，解决的办法是什么呢？你是不是要舍弃所有朋友，仅留下好的朋友呢？你会不会把你的伴侣和家人留下呢？当你现在还必须在旧有的氛围里时，要怎样做才能在周围营造一个积极向上的氛围？要怎样才能在不断掉所有后路的前提下，脱离妨碍你发展的社会准则呢？

这没有想象的那样不可能实现。

找到属于你的部落

这里我想直截了当地告诉你，我不认为抛弃你的家人、舍弃你所有的朋友是一个正确的解决方法。也就是说，如果你意识到自己所处社会圈子中的行为准则，妨碍了你挖掘自己的全部潜能，或让你不得不陷在某个模式当中，那么这时你也许应该扩大自己的圈子，有可能的话，你可以选择重新分配自己的时间。

我敢向你保证，世界上一定有跟你一路的人——那个人会带给你强烈的亲切感，他使你可以做真正的自己，帮你变得更好，当你需要监督时，他一定会勇敢地站出来。这个世界上也一定有人在等待你照亮、丰富他的生活，他也会以相同的方式照亮、丰富你的生活。

不过，你首先需要找到他们。

你也许需要走出已有的圈子，去结交新朋友。你也许需要接触一个你不太了解的人，但他或许会成为你仰慕的对象。你也许需要尝试新的社交活动，比方说报补习班，参加一些会议，加入某个脸书小组或在线论坛，参与书友会或商会，还可以找一个会员社区，类似Doing It Scared，在doitscared.com网站上你就能找到它。

我知道要做这些事，一开始会有些叫人害怕，特别是如果你一直都生活在同一个狭小的圈子里时，但我敢向你保证，随着时间的推移，你会逐渐变得得心应手。更重要的是，当你挣脱束缚去认识和结交新朋友时，就会惊奇地发现，你要找的人都在你身边。

这就好比你打算购置一辆新车——我最近正好有这个意向。我做了调查，阅读了大量评论，对自己的需求再三斟酌后，我最终将自己的选择范围缩小到了两款车型——福特的探险家和林肯的MKC。

在打算购买新车之前，我从未关注过轿车。我何必考虑呢？5年来，我一直和查克共用一辆车，而且我要去哪儿，他几乎都会送我。然而有趣的是，当我开始关注轿车后，走到哪儿，映入我眼帘的似乎都是车子。你猜我注意到最多的是哪些车？就是福特的探险家和林肯的MKC。感觉我无论去到哪个地方，那里必定有它们的身影！

难道说，一夜之间有大量福特和林肯轿车涌上公路吗？是不是工厂遇上产能过剩的危机，而碰巧我又想买新车？

当然不是啦。我之所以走到哪里都能看到这两款车，是因为我的大脑想找它们。同理，找人也是如此。只要你确定了你要寻找的友谊类型，你的大脑会自动搜寻相应的机会。有时候，你要做的仅仅是设定好自己的意图。

如何培养真正的责任关系

话说回来，当你找到你想要找到的人，你该怎么做呢？你要如何加深彼此的友谊，创造有价值的对话，并培养出我们在第11章中提到的真正的责任关系呢？要怎么做才能建立你自己的真相俱乐部呢？

首先你需要找到至少一个可以信任的人，他会对你负责，支持你的追求，同时也愿意接受你的督促与鼓励。你甚至可以在生活的各个领域，与不同的人发展这类友谊。例如，你可以找能从商业角度给你指点的人，找督促你减肥、做一个好家长，或丰富你的精神生活的人。

举例来说，除了我的真相俱乐部，我还有其他几个亲密好友，从不同方面督促我。我的朋友邦妮，是在幼儿园时就认识的玩伴，我们经常共进午餐，敞开心扉谈论运营公司和当妈妈的难处。我上六年级时认识的朋友艾莉莎，经常能对问题提出独到的见解。我的朋友伊迪更像是我的精神导师，她鼓励我更深入地思考我的信仰。劳拉和希瑟，是我执行团队中的朋友和同事，她们几乎每天都在工作上挑战我。

上述的每一段友谊对我来说都是至宝，她们每个人都会督促我，尽管方式各有不同。这些友谊让我更加脚踏实地，坚持不懈；这些友谊鞭策我变得更好，引领我奔向我想去的方向。

顺便一提，责任伙伴关系不仅限于一对一的人际关系。你同样可以加入或创建你自己的责任小组，如商业智囊团、健身小组、写作俱乐部或圣经学习小组。责任小组相对来说显得更正式，它也是与具备成长型思维模式的人培养个人友谊的不二途径。

你只需记住，无论是与个人还是与团队建立责任伙伴关系，关键点在于对方能和你在思想上达成一致，具备成长型思维模式，他们由衷期望自己身上发生转变，而这个转变与你的不谋而合。

下面还有一些培养真正的责任关系的小提示：

敢于暴露弱点。如果你将自己牢牢保护起来，或刻意展示自己完美的一面，而隐藏真正的内心所想，责任关系就无法发挥作用。虽然大多数时候你仍旧可以这么做，当作面对世界的盔甲，但在你信任的、会对你负责的人面前，你应该卸下这层武装。

还有一点需要你记住，当感到压力过大、情绪紧张或筋疲力尽时，你会不自觉地产生防御心理、想要保护自己或躲到面具的后面。这个时候，责任关系会令你惶恐不安，因为即使是最温柔的反馈，也会让你感觉像是严厉的苛责。

当你披上盔甲，藏在自己的屏障下时，懂得察言观色的责任伙伴会发现其中的内情，至少到最后他一定会发现，然后他们会鼓励你克服自己的本能，重新关注问题的本质。

制定一些基本规则。不是任何一种责任伙伴关系都需要正式化，不过，建立一些基本规则，确保人人都持有相同的看法，并且乐意互相监督、共同进步，不失为一个不错的选择。

你的真相俱乐部需要制定的基本规则，可以包括保证个人隐私不外露（这应该是大家约定俗成的，但有时候需要拿出来再提一下），以及关于何时可以给出建议、何时只需默默倾听的指导参考。基本规则也应该涉及需要避免的言辞，如果可能的话，可以加上一些推荐的交流方法。

明确你们的目标。如果没有明确的目标让别人监督，那么对方也很难对你负责。所以请确保真相俱乐部的每一名成员，都非常清晰地分享他们的目标，而你不仅需要坚持自己的目标，还需要让你的责任伙伴也一起坚持下去。

这也许意味着，每当碰面时，彼此要重新阐述自己的目标，或者将目标上传到某个地方，比如共享的Google文档、Dropbox文件夹，也可以在短信交流中。

有意识地利用你们的时间。大家聚在一起聊天，很容易偏离正轨，或者回避重要问题，所以请充分利用好你们彼此监督的时间，请在见面一开始就设定一些意图。你最想在大家碰面时获得什么？你有什么问题希望别人帮你解答？你希望对方监督你什么？你希望对方鼓励你什么？

先问自己这些问题，可以帮助你定下基调，去掉伪装，从而展开话题。

定期检查。对我们大多数人而言，生活有时会非常忙碌，当我们忙得焦头烂额时，首当其冲的就是我们的人际关系。那么，你会怎么做，把这份责任伙伴关系排在前面呢？或许你需要在日程表上安排定期的约会，或规定每周或每个月检查一次——无论状态正常与否。

我和我的朋友邦妮，总是会在临别前确定下次中午聚餐的时间，因为我们心里都明白，如果我们不这么做，下次见面可能会拖到猴年马月。同样的道理，在我的真相俱乐部，我们也会约好每月的固定时间打电话，会提前安排每隔几个月举行的、为期3天的智囊团大会，确保每个人都腾出时间出席。

提出问题和提出反对意见。责任关系最重要的部分，是能够且愿意提出具有深度和探索性的问题，在必要的时候也会说出反对的想法。这可能意味着，如果有人的行为不符合他的目标或信念，你需要提醒他。这也可能意味着，当看到某人的局限思维正在妨碍他时，你需要从后面推他一把。

责任关系有时会令人产生不快，因为它迫使我们离开舒适区，进入未知的领域。这种感觉有点吓人，但这才是其正确的感觉，因为每个人都需要真正的责任关系。

那么，现在就着手建立你自己的真相俱乐部吧，努力找到属于你的部落，和那些让你变得更好的、激励你采取行动的人在一起，这可能会是你做过的最重要的事。

第 19 章

停止攀比

创造你自己热爱的生活，而不是别人想要的生活

攀比是偷走快乐的贼。

——西奥多·罗斯福（Theodore Roosevelt）

如果说攀比是偷走快乐的贼，那么它从未失过手。

每年3月初，我们的精英博客学院，会向社会展开为期仅5天的公开招募，对象是准备将自己的热情转化为全职工作的学生。入学后的几周内，新生一直满怀激情。大家都从几乎相同的起点出发，肩负着相同的使命。每一名刚进入学院的新生，都豪情万丈地想要处理一切新事物，他们的老校友也会不由自主地被这股激情感染，空气中到处弥漫着无限的可能性。

这一切都太有趣了！

不过很快，到了4月中旬，最初的活力、兴奋与激情就开始减退。因为现实情况是，建立任何一家成功且盈利的公司，都是一项艰巨的任务，创办网络公司当然也不例外。没错，可能性是无限的，但仍然需要付出难以计数的努力，这就需要我们的学生铆足干劲，脚踏实地工作——在他们自己的时间里，为自己的公司工作。

大多数学生都明白这个道理，至少最后一定会领悟。他们开始从头至尾学习课程，一次一节课，按照他们自己的节奏循序渐进，就像课程设计的那样。这些学生最终会取得成功，虽然其中一些人会比其他人花费更长的时间。

但是当中总有少数学生，会不由自主地分心去关注其他人。慢慢地，他们会在学习过程中，将自己的想法与他人的进行比较，然后开始怀疑自己。他们发现有些人完成课程的速度比自己快，于是就认为自己落后了。他们不再专注自己手头的工作，以及课程中为他们量身定制的明确方向，转而到处搜寻答案——阅读每篇关于博客的新文章，无休止地在论坛和脸书小组上聊天，收听几十个播客，同时报名多个线上课程。他们害怕自己遗漏了某些重点，希望借由这些举动缓解他们的恐惧。

然而，在所有这些分散注意力的过程中，他们获得了太多相互矛盾的建议，导致内心犹豫不决而几近崩溃。由于他们将过多的精力花在关注别人身上，根本无暇顾及自己的工作。

结果当然显而易见，这些学生最后会停滞不前。

因为无论你是想干一番事业、打理你的家、在工作上晋升，还是想创造你热爱的生活，攀比都是一个会让你深陷其中、无法自拔的巨大陷阱。

我们必须接受现实，在太多容易分心的机会面前，任何人都很难集中精力在自己的路上。社交媒体不断提醒我们关注其他人的事，以及我们可能错过的事。我们不停地在攀比，比较工作、衣服、车子、房子和地位，忽视了关照自己的技能、社会生活，甚至我们的人际关系。

无论我们在某个领域做得多么出色，总有人似乎做得比我们更棒，或者不仅在这个领域做得好，在其他方面也同样优秀。

但就像精英博客学院的学生一样，越是东张西望、把自己的进步和他人的作比较，我们就离自己想要的成功越来越远，内心也会变得越来越不容易满足。

攀比会滋生不满情绪，最后让人竹篮打水一场空。不过，有一个办法能让你躲过攀比的陷阱，避免重蹈前人的覆辙。

明白对你来说成功是什么样子

我认为攀比之所以如此险恶的最大原因，在于它不是在一个平等的基础上进行的。每个人所追求的、所看到的成功，都是独一无二的。也就是说，你比较的对象有着与你截然不同的人生旅程——包括不同的规则和不同的目标。

假如你的终极目标，不是让自己的家看起来和杂志上一模一样，也不是开一辆凯迪拉克凯雷德，那你何必将自己——或你的家、你的轿车——和你的一个把这些作为目标的朋友比较呢？假如你对在职场上晋升、名垂千古不感兴趣，那又何必耿耿于怀于对此感兴趣的嫂子呢？假如环游世界并不能激发你的激情，那每当听到别人谈论自己的旅游经历时，你又何必感到若有所失呢？

人生旅途需要你自己走，如果想最终创造一个你热爱的生活，那么你就需要明确什么对你而言最重要、什么最有价值。不过同时你还须明白，对你而言重要、有价值的事，对别人来说未必如此，反之亦然，所以你不必在意。

除了你自己，你不必向任何人证明自己。

更重要的是，你也不必向任何人解释或表明你的目标，或为了迎合别人而修改自己的梦想。你的人生你做主，只要你自己觉得满意就足够了。

当然，这里的重点是弄清楚自己想要什么，明白成功对你来说到底是什么样子。它是一份你超级热爱的工作吗？是拥有大量空余时间和家人在一起，或能在家中陪伴孩子吗？是还清债务或还清抵押贷款吗？是一栋更大的房子吗？是一辆更豪华的车吗？是搬入一个更好的小区吗？是和自己关心的人培养更深、更有价值的感情吗？是减肥、健身吗？是自己开创事业吗？是卖掉自己所有的东西，买艘船环游世界吗？还是伸张正义、济困扶贫、投身环保事业？或是渴望去爱和侍奉上帝呢？

你最想拥有什么？你希望为你自己、为你和你的伴侣，或为你及你的家人，创造一个怎样的美好生活？因为到头来，你才是那个真正生活在其中的人。

这就是为什么将自己与他人比较，是一个极其徒劳无益的做法。当你和别人比较时，就好比在别人的地图上核对自己的路线，唯一可能的结果就是迷失方向。

所以，假如你意图避免这种攀比的陷阱，关键的第一步就是搞明白自己最想要什么，同时明确自己的首要任务和前进方向。

好在这个过程我们已经在先前的章节中阐述过，你会发现，当设定目标并专注其中时，你已经避免了攀比。而当你找到人生意义，并确定了远大目标背后更深层的价值时，你的意志也会变得更为坚定。你的行动计划，会成为你前进的路线图，指引你朝着你想去的地方迈进。

心无旁骛

尽管我们已经在制订行动计划，而且说不定你已经拥有了一张路线图，然而现实情况是，导致我们分散注意力的事物比比皆是。制订计划并不难，难就难在你需要尽全力埋头苦干、心无旁骛、相信自己的计划，并真正执行起来。

采取行动坚持到底，其间不开小差或误入歧途，往往是最困难的部分。因为我们必须面对现实——相信可能行不通的计划，确实会让人惴惴不安。然而我还是要说：行动是治疗恐惧的解药。而许多人从未发现的成功秘诀，就是持之以恒、一步一个脚印朝一个方向前进，终有一天你会抵达目的地。

大多数人遇到的问题不是他们选错了路，相反，他们的问题是一旦听到一个新点子或旁边有人发出什么动静就立刻鸟枪换炮。如此一来，他们不是坚持朝着一个方向走，而是来来回回不停地绕圈子，永远到达不了任何地方。

这正是精英博客学院部分学生们的遭遇，他们花费所有时间，对比自己和其他人的进展，或者在各个任务中犹豫不决，别人说什么就想试什么，不管这件事是否适合他们，是否与他们的方向一致。

我们来做个假设。

比方说你现在最大的目标是还清抵押贷款和信用卡，做到债务清零。而几个月以来，你一直做得很好。你不再在外就餐，暂停一切购物，并且一点点削减开支。

然而就在此时，你突然看到朋友们在社交媒体上发布的有意思的事，比如休假、新衣服、城里的夜生活。你开始尝到一丝丝嫉妒的滋味，于是你更加频繁地左顾右盼，而那个远大目标似乎也变得不再那么重要。你想念那些快乐时光，渐渐地，你开始恢复过去的生活方式，今天星巴克，明天服饰店，夜里比从前更频繁地光顾你喜欢的餐厅。直到有一天，你恍然发现自己又回到了起点。

不管你的目标是什么，相同的故事一直在以不同的形式上演。刚开始是激情和活力的阶段——这个阶段让人感到兴奋和新鲜。此时你会充满自信，似乎没有什么可以挡住你的去路，这是离开舒适区导致的肾上腺素爆发，这种感觉叫人心潮澎湃。

但它不会永远持续下去。

因为你会发现，紧接着你就进入了迷茫的中间阶段——在这个阶段你会逐渐看清现实，甚至可能感受到痛苦。你需要更加刻苦地用功，虽然这常常伴随着混乱、沮丧和筋疲力尽，但却是十分必要的。

正因为这个阶段让人感到艰辛和痛苦，于是有人开始左顾右盼，寻找看起来更简单、更有趣和兴奋的事。他们将自己目前的进程——他们迷茫的中间阶段——和其他已经完成任务的人比较，希望自己也已经做完工作，或者将自己的状态和刚进入第一阶段、充满能量和热情的人比较，希望自己能回到过去。

于是他们又从头开始做一项新任务，永远半途而废。

根据目标的不同，迷茫的中间阶段可能会持续相当长的一段时间。长度范围从几周、几个月，一直到数年。你需要拥有足够的决心、毅力和勇气，才能渡过难关，同时你还必须心无旁骛，按照自己的计划，一心一意做需要做的事。

最后是达成目标的阶段——此时你已经完成了艰巨的任务，努力开始产生作用，你终于能享受出色工作带来的回报。遗憾的是，不是每个人都能走到这一阶段，因为太多人都在迷茫的中间阶段跌倒了，只得一次又一次地回到起点。

不要让你自己成为那个人。

当你的目标已经明了，你的计划已经到位，请你保持心无旁骛。不要东张西望，更不要到处比较。相信自己选好的路，告诉自己这条路会很难走。因为如果这条路很容易的话，就不会有这么多人半途而废了。

记住，最伟大的成就，来自你的刻苦奋斗。

练习感恩

当然，说到远离攀比的陷阱这个问题，还有一个更重要的步骤，无论你恰好处在人生的哪个阶段，都可能对你产生巨大的影响。

这就是练习感恩。

没有哪件事比花时间思考自己要感恩的事，更能让人变得谦卑和富有远见了。

在我们的日常生活中，攀比从来都会让人产生不满情绪—— 一种对自己所拥有的、所完成的，或目前所处状态的不满足。尽管并非任何一种不满都有害无益，因为我们有时也需要这种温和的刺激，助推我们面对恐惧或做出改变，但与他人对比而产生的焦虑感，总体而言不是一件好事。

然而感恩会扭转这一切。

感恩令我们关注自己拥有的东西，不再盯着自己没有的东西看。我们庆祝自己人生路上的每一个小进步，不再为尚未完成的事而忧心忡忡。我们回顾自己努力的点点滴滴，不再焦急等待还没发生的事。

我们无法控制发生在我们身上的事，或其他人如何对待我们，但我们确实能控制自己的反应。经常性地练习感恩，能最有效地避免受害者心理，停止“别人总是过得比我好”的想法。

就像肌肉会因为不断锻炼而变得强壮，练习感恩也会产生相同的效果——你越勤于练习，感恩心态就会越容易、越自然地产生，直到它成为了你的一部分。

话说回来，练习感恩最大的好处是什么呢？它会给你带来短暂的快乐。因为当你关注自己拥有的东西时，就不会产生不满的情绪。

想要创造一个你热爱的生活，必须先从喜欢自己正拥有的生活开始。所以请不要再与人攀比了。创造你自己热爱的生活，而不是别人想要的生活。

第 20 章

消灭借口

不再给自己退路，而是坚持到底

我将我的成功归结为：我从不编造或寻找任何借口。

——弗罗伦斯 · 南丁格尔

《南丁格尔的一生》（*The Life of Florence Nightingale*）

我的朋友苏西，表面上看起来精力充沛、乐观积极，让你根本无法将她与坎坷的命运联系在一起。

苏西出身寒门，靠社会福利救助过活，她的母亲患有精神疾病，父亲则酗酒成性，对家庭不闻不问，经常几个月不回家，有一次更是长达一年之久。因此，苏西的生活完全得不到保障。

他们曾几经搬家，有时候他们设法获得政府资助项目的帮助，住得比较好；要不然就住到无家可归者收容所里，条件比较差。小时候的苏西，为自己的家境感到羞耻，她记得自己曾试图向老师和同学隐瞒自己的处境。

但当她长到十几岁大的时候，无意之中发现了一本叫《勇于思考的魔力》（*The Magic of Thinking Big*）的书，其中有一个章节取名叫“不找借口”，大意是说，“找借口”是一种导致失败的疾病，如果一个人想要取得成功，就必须治好这种疾病，且永不再犯。从那一刻起，她发誓此生再也不找借口，并且绝不向命运低头。

她真的做到了。

尽管没有受过正规教育，苏西还是凭借自己的努力在一家500强公司当上销售，并取得了职业生涯的成功，薪水高达六位数，足迹踏遍澳洲和美国。大多数人或许会满足于此，但苏西并没有就此止步，她最后开了一家私人公司，向人们提供人生指导与激励。

如今，畅销书《如果成功了怎么办？一门副业如何改变你的人生》（*What If It Does Work Out? How a Side Hustle Can Change Your Life*）的作者苏西 · 摩尔（Susie Moore），已经激励了成千上万人和她一样过上美好的生活。

这一切都要归功于她拒绝找借口。

我另一位朋友伊迪，虽然她的成长之地远在阿巴拉契亚，但却和苏西有着如出一辙的经历。在她的回忆录《所有美好之事》（*All the Pretty Things*）中，她分享了许多令人扼腕的细节，其中包括一个嗜酒如命的父亲，一贫如洗的家境，她常常吃了上顿没下顿，居住地总是变来变去。

身边没有一个可以效仿的榜样，只有酒鬼、疯子和罪犯，身处如此环境，潜移默化，伊迪当然很容易受到影响，毕竟，这是她所知道的一切。但就像苏西一样，伊迪 · 沃兹沃斯（Edie Wadsworth）很早就下定决心，不为自己的处境找寻任何借口。

这个决定性的时刻，发生在她八九岁的时候。当时她想参加啦啦队员的选拔赛，可她的母亲无力支付体操课的学费，她只得跟着操场上其他正在上体操课的女孩子偷偷学习。由于勤学苦练，她最终做得比所有人都出色。当啦啦队员选拔赛开赛时，她坚信自己会入选，因为她翻跟头比任何人做得都漂亮。

后来，她这样写道，“我最终没能入选啦啦队，之所以没能入选是因为……我不知道自己当时有没有意识到这一点，但我就是那个孩子……你可能见过这样的孩子。她穿的衣服不合身，看起来好像没有得到很好的照顾。你看到她，然后走了过去。哦，她有一颗善良的心，真想把她带回家。其实，我就是那个孩子。我没有合适的鞋子穿，没有合身的衣服，也没有良好的家庭背景。”

其他一些观看选拔赛的家长，为伊迪没能入选而愤愤不平，他们想说服教练改变主意。可是第二天，当教练决定安排伊迪加入啦啦队时，伊迪的母亲却出来阻止，并告诉教练说，既然当初没有发现自己女儿伊迪的天赋，就别想再让她加入啦啦队。

伊迪对此是这样解释的，“我还记得当年的我对自己说：‘以后再也不会有人可以对我说不。我会做到最好，比所有人都努力。以后再也不会有人可以对我说不。’”

从那以后，伊迪说到做到，她比任何人都要用功努力。她以优异的成绩毕业，考入一所医学院，并当上了一名家庭医生。后来，就像苏西一样，她辞去了既有的工作，开始做自己想做的事——先是在家教育她那两个小女儿，然后自己创业，最终取得了巨大的成功。

苏西和伊迪的背景条件都不好，完全可以破罐子破摔，而且没有人会因此责怪他们，因为大家都能理解。说到底，她们的家境如此贫寒，成长环境如此恶劣，谁会指望她们战胜这样的命运呢？这一切都不是她们的错。她们只是环境的受害者。

但是，无论是苏西 · 摩尔，还是伊迪 · 沃兹沃斯，都拒绝承认自己是受害者，拒绝为自己开脱。她们克服困境的决心和动力，源于她们的理智决定——停止寻找借口。

因为这是解决问题的唯一办法。

你要明白，你唯一能控制的就是你自己

我孩子读书的学校，要求学生穿统一的校服，对此我的内心充满了感激。想当初，我的孩子曾有一年在不需要穿校服的学校上学，一家人每天早晨少不了要为今天穿什么衣服而争吵，这足以让我一辈子愿意提倡穿校服！

但是，尽管学校实施了相对严格的校服制度，我的女儿玛吉依然对自己的穿着相当挑剔。她会要求某一天一定要穿某种颜色的衣服，并为

自己选择了合适的发箍、袜子和鞋子而自我陶醉。虽然每年开学前，我都会订购许多不同款式的裙子和裙裤供她更换，但她真正喜欢的只有其中一条裙子。

于是，她每天都穿这条裙子。

通常情况下，这不是一个大问题，因为不同于到处惹麻烦的安妮，玛吉已经不再是一个调皮捣蛋的孩子了，她能让衣服保持得很干净。

但是，有一天早晨，我的丈夫查克——我们的早餐大厨——为我们准备了好吃的蓝莓薄饼，这非常罕见，尤其是在工作日的早晨，可把大家高兴坏了！我们吃得很开心，直到玛吉切开她的最后一块薄饼，由于里面的蓝莓馅料特别多汁，汁水一下子从盘子里洒了出来，溅到了她的裙子上。

一场不可避免的灾难爆发了。

几乎就在同一时刻，原本安详、快乐的家中，顿时充满了各种刺耳的嘈杂音，有哭声（玛吉发出的）、叫喊声（查克发出的，他除了是我们的主厨，还身兼清理员一职）、唱歌声（安妮发出的，她完全对周遭出现的混乱场面不以为意，丝毫没受到干扰），以及笑声（我发出的，当我发觉整件事的荒谬可笑时）。

虽然我们花了几分钟处理，但显然这条裙子当天已经不能穿了。于是，我这个几分钟前还那么可爱、讨人喜欢的女儿瞬间消失了，真正的大戏拉开序幕。她开始鬼哭狼嚎，又是跺脚又是埋怨，各种生气闹情绪，直到最后我终于受不了了。

我努力克制自己，告诉她她需要自己调整心态，不过是一条裙子的问题，又不是世界末日，加上她还有两条非常好看、几乎全新的裙子可以穿。

看她的情绪稍微得到缓和，我接着对她说："亲爱的，人生不如意十有八九，你的裙子弄脏了，我也为你感到难过，但你仍然可以选择是否让这件事影响到你。如果你让这件事破坏你一天的情绪，那就是把胜利拱手让给蓝莓。你真的希望这样吗？希望自己被蓝莓打倒吗？"

这些话听起来很滑稽，但它至少让玛吉暂停了闹情绪，小脸上瞬间露出了笑容。

话说回来，事实的确如此，人生路上有许许多多的事都不在你的控制范围内，我们无法预测未来或天气，也没法预知即将发生什么重大事件和灾难。我们没法选择自己的出身、肤色，或者我们的社会和经济地位，我们同样没办法决定自己的IQ。任何时候，我们都可能遭遇一场意想不到的痛苦经历、不幸、疾病或挫折——当然啦，它还有可能是一些我们想都不会想到的可恶蓝莓。

实际上，人生路上唯一可以确定的就是它的不确定性。

任何事都随时可能发生，只是我们不知道它的确切时间。所以你的内心深处必须非常清楚，你唯一能够控制的就是你自己，理解这一事实对于你而言相当重要。

你无法控制发生在你身上的事，或其他人怎样对待你，但你能控制自己如何做出反应。正如在第10章中提到的，无论周遭的环境如何，你随时都可以做自己的主人。

然而，要做到事情万无一失，并对自己的人生负责，会让人有些胆战心惊。如此一来，你的前方再也没有任何东西可以庇护你，你将站在众目睽睽之下，暴露出最脆弱、最不成熟的一面。

而这，需要真正的勇气。

寻找一个榜样，而非救星

詹妮弗·马克思（我曾在第16章中简单提起过她）在决定尝试新事物之前，已经经营自己的导游生意整整20年。她向来刻苦努力，但面对急剧萎缩的导游市场，她感到越来越心灰意冷。

于是她开始寻找领路人，帮她指引方向，后来就找到了精英博客学院。2017年春，她一头扎进了课程中，心无旁骛地学习，有条不紊地完成了每一项任务。不到一年工夫，她的新公司和网站JenniferMaker.com的盈利，就超过了她的导游业务收入。

当问及精英博客学院为她的成功提供了哪些帮助时，她回答说，以前她虽然也做过很多年生意，但她从未有过榜样，没有人走在她的前面，告诉她怎么做可行。直到她最终发现其中的奥秘，才意识到自己也能行。

在面对未知，尝试从未接触过的新事物，或感到举棋不定时，人们很自然会寻找一个榜样或请人带路。因为我们不得不承认，当我们在努力奋斗时，如果有人已经达到了那个目标，并知道你将经历些什么，是一件极好的事。如果有人愿意分享他的智慧和建议，甚至确切地告诉你应该怎么做，那么对你会有很大的帮助。

不管你正在做什么，这一点永远没有错。对于一位新手妈妈而言，没有什么比另外一位妈妈亲口告诉她一切有关育儿的知识来得更令人安心的了。对于一个企业家而言，没有什么比与另外一位更有经验的企业老板交流来得更有帮助了。

其实，辅助和指导的重要性，早就已经在许多行业里根深蒂固了。专业运动员都配有教练。医生总是先从实习生做起，接着在更有经验的主治医师的指导下，做住院实习医生。律师首先需要成为初级律师或办事人员，然后再逐步晋升。

没有人希望自己好像一个人，孤苦伶仃地涉足未知的领域。踩着前人的脚印，会令人感到宽慰，知道有人已经在自己正尝试的路上成功过，会给你更多信心。

一般而言，榜样、老师、导师和教练，都会给你带来益处，尤其在你感到害怕的时候。所以，如果你正准备跳出你的舒适区、尝试新事物，找一个人为你带路，是一个非常聪明的想法。那个人可以帮助你远离危险，并告诉你是否做得正确。当然你也可以报补习班、聘请教练，或和那些已经完成你想做的事的人交流。

不过这里有一个陷阱。

榜样是你寻求指导的人，而不是帮助你的人。单纯寄希望于别人的帮助，和让别人帮你指明道路，完全属于两码事。寻找榜样，不等于等待救援。

明白两者的区别至关重要。

当你为获得指导而积极寻找榜样时，你是负责任的，并且在做自己人生的主人。你是主动的，不是被动做事，你明白你的榜样不是来帮你完成任务的，而是告诉你，你走的路行得通，并在过程中为你提供指引。

当你所做的仅仅是等待救星，或停下来环顾四周，希望有人帮你让你省力一些，那么你就是在纵容自己成为受害者。更糟糕的是，你正在将你所有的权力，交给一个或许永远不会出现的人。

詹妮弗·马克思报名进入精英博客学院获得的最大收获，是一条通往目标的清晰道路。尽管如此，她仍然必须自己走这条路，并为之努力付出。

我敢保证，你不需要任何人的援救，但你可能需要一个榜样。幸运的是，榜样、老师、教练和导师，都在你目光所及之处，你只需要睁大眼睛看。他们会帮你消灭借口，并鼓励你坚持下去，渡过难关。

如何找到导师

在过去的几年里，我受过许许多多不同导师的教导，包括正式的和非正式的。无论是在我的工作中还是在生活上，他们都给予了我极大的帮助，而我自己也很乐意成为别人的导师。

在此过程中我发现，无论是工作还是生活，有一位比自己更有经验的人在一旁指点，能给人提供意想不到的力量，让你发挥出自己单打独斗所无法施展的能力。而且有一位导师引导，永远都大有裨益。

为什么需要导师

导师会在一旁支持你成长，并教你一些你无法从同龄人身上学习到的知识。你也许认为自己已经从当前的圈子里获得了不错的观点，但假如你永远不走出这个圈子，我敢保证你一定会错过一些东西。

现如今，你不一定需要每周专程把导师约出来才能获得指导，你的导师还可以是通过书籍、播客或博客激励你的人。

在导师身上学习什么

遗憾的是，有很多人声称自己是导师、专家、商业或人生教练，却根本无法提供有价值的建议。其中一些是因为他们没有真正的经验，只会纸上谈兵；另一些则是因为他们比较善于培养自己，但完全不会教育和指导其他人也做到这一点。

如果你想找一位导师，我建议你首先一定要了解清楚，他在自己的生活或工作中所取得的成果。他创造的结果是否为你所追求的？他是否经济自由？他的个人生活是否圆满？不用羞于提出这些问题，并请对方如实告诉你，尤其当你准备聘请导师的时候。

这里我还有一个非常重要的警告：千万不要采纳没有实际商业经验的人的商业建议。这个人可能是你花钱聘请来的，也可能属于自愿提供的免费建议。在听取建议时一定要三思，同样，你还可以大胆地忽视没有取得真实结果的人的建议，不管他表现得多么自信或具有权威性。

寻找导师的第二条建议是，找一个你愿意听从其教导的人——他的教育风格和建议你比较喜欢。我们每个人的大脑工作方式都略有不同，也就是说，有些人的说话和教育方式会让你产生共鸣，而另一些则不会，这很正常，你不必为此顾虑。

最后，多听听他人的看法。请你所属领域的人给你一些他们的想法，不要害怕向潜在导师征求建议。

你准备好接受指导了吗

直接请一位“虚拟”导师远程授课，同样是一个可行的方案，不过在此之前你需要想明白，是否打算花钱请教练或导师。实际情况是，人往往会比较珍惜花了钱的东西，也就是说，花钱请导师后，你会更重视他所提的建议，更可能实际执行，并且最终获得更好的结果，而免费的建议并不能起到相同的作用。

如果你觉得一个相对私人化的导师能对你的成长起到帮助，那么你就按照自己的想法做！你可以尝试报名正规的培训课程，或加入一个智囊团，这是你获得你想要的个性化关注，并在过程中迅速成长的不错途径。

无论你是选择一位虚拟导师远程为你授课，还是更个性化的导师一对一与你合作，有导师在一旁指导，会让你提升至从未想象过的高度，这样的支持，你值得拥有。

再好的借口终归还是借口

我们都见过这样的人，他们总是能找出一堆正当的借口或理由，一些是用来解释为什么这不是他们的错，还有一些则是为了让自己脱身。这种神奇的方法，使他们将责任推卸出去。

或许你就是这个人。

说到底，世上从来都不乏借口。我的丈夫经常开玩笑说，女人几乎对任何一件事都能做出解释，并将之合理化。不过凭良心讲，我不觉得只有女人会这么做，每个人都会如此，因为要想出一个比较合理的理由并不是难事。

如果你要找理由，就一定能找到一个。不过你要记住，再好的借口终归还是借口。避免借口带来灾难的唯一方法，就是在任何情况下，都拒绝把找借口作为一个选项。

苏西和伊迪在生命的任何时刻，都可以找到相当合理合法的借口。例如，出身贫困、家庭畸形、有人酗酒、虐待、缺乏机会、成长道路上没有人引导等。

即使她们没有摆脱上述这些困难的影响，即使她们没能过上有意义的生活，也没有人会因此责怪她们其中的任何一个。谁会责怪她们呢？她们显然是不公平环境的受害者，怎么会有人指望她们克服如此多的不利条件呢？

然而她们都做到了。

也就是说，你也同样可以做到。

不过，首先你必须拒绝寻找借口，无论在何种情况之下。

从现在开始，把“借口”从你的字典中删除。不再寻找理由——因为你永远找得到——而是专注于你唯一可以控制的事，那就是你自己。不再等待救星，而是积极寻找一个榜样去模仿。

不再给自己退路，而是坚持到底。

第 21 章

保持自我激励

在努力的路上，花点时间庆祝自己的胜利

每一个困难之中，都蕴藏着机遇。

——阿尔伯特·爱因斯坦

我们不要再自己骗自己了，带着恐惧前行不是胆小鬼可以做到的事。面对我们的恐惧，然后追寻远大目标和梦想，这个过程不是轻而易举能够做到的，实际上，成功的案例少之又少。

毕竟，如果这件事很容易，岂不是每个人都能做到。如果这件事很容易，那么它就没这么特别、伟大或值得注意了。如果这件事很容易，就不值得为之奋斗了。

从理论上讲，我们大多数人或许都明白带着恐惧前行很难做到，但从实际操作层面上看，我们又很容易忘记这个道理。一旦事情变得越来越难，越来越令人失望，困难接二连三地出现，我们刚开始感受到的乐

观情绪和兴奋感，很快就被灰心、沮丧和恐惧所取代。

我们不想遇到困难，我们不想受到伤害，我们不想弄脏自己的手，不想为我们追求的东西拼搏，不想体味失败的痛苦和耻辱，我们不想承担责任，不想承认自己可能还不够优秀，没法实现自己的愿望。

当事情变得越来越艰难，你也会变得很难持续激励自己。但此时，才是你最需要激励自己的时候。尽管你可以坐在那里，等待并期望某个人出来鼓励你，可现实情况是，你大概会等上相当长的一段时间。

请记住，到头来，你唯一可以控制的就是你自己——你不能控制发生在自己身上的事，但可以控制自己的反应。这句话的言外之意是说，你可以为自己做的最好的事，就是学习如何采取保障措施，帮助自己抵抗负面情绪，并在奋斗的道路上找到乐趣。

小心中间地带

在过去的几年里，我有幸在一个私人商业智囊团中指导过几位女性企业家。这个过程非常有意思，在我们共处的一年中，我很高兴能看到她们在生活和工作上的成长。虽然严格意义上来说，我是她们的老师，但我觉得自己从她们身上学到的，比我所教授的要多得多。

加入我的智囊团之前，必须经过一系列相当严格的申请流程，尽管如此，在选择成员时，我不会根据她们公司的规模、领域或重心做判断。相反，我总是会寻找那些最有潜力的人——她们的思维模式和态度表明她们愿意为之努力，即使她们的公司才刚刚起步。因为每一位小组成员都共同拥有一个相近的成长型思维模式，所以大多数时候，就算她们各自的经营范围大相径庭，彼此的交流依然不会受影响。

但是，这并不意味着彼此之间就不存在攀比。

不久前，有一次在我们的每月通话中，我的一名学员妮可，告诉大家说她感到了从未有过的打击。她向来都非常努力，每次大家在研讨会上为她列出的优先事项，她也都一一完成，可她觉得自己的进度还是不够快，仍然认为自己落后了。

妮可加入我们这个智囊团时，她的事业才刚刚起步——她从事的婴儿产业才经营不到一年。她极其渴望成功，并且认为，和一群有能力的女性在一起，是迈向成功的最佳通道，这些成功的女性可以向她传授知识，并为她指引方向。

从许多方面来说，她的想法一点不错，因为在这个团队中获得的建议，能够显著缩短她的学习周期，并极大地加快她的业务发展。

但正如我一开始就警告过她的那样，不是说只要加入这个团队，就能一夜之间取得成功。在我们第一次一对一会面时，我就向她阐明，她最大的问题并非没有准备好加入智囊团，而是她可能会将自己的事业进度——尚处于基础建设阶段——与团队中的其他人做比较。

“妮可，你必须为自己的人生奋斗。有时候，周围人正在做的事，可能看起来比你手头在做的要有趣得多。加入团队让你能看到自己未来的可能性，或许一下子对你的冲击很大。但假如没打好扎实的基础，你就永远达不到理想的高度。”

她答应我说，她明白了我说的话。我也知道她将这些话听进了耳朵。可是，随着日常琐事不断涌出，困难变得越来越难以招架，在人类本能的驱使下，那些警告会被逐渐淡忘。事实上，这就是为什么有一个教练或导师在身旁提醒你，是如此有帮助的原因。

所以，当妮可在我们的电话会议中表达出自己的受挫情绪后，我温柔地提醒她，她现在所体验到的一切，正是她目前必须经历的，然后我问了她一个非常重要的问题。

“相较于朝前看自己还有多少路要走，你大概多久回头看看自己走了多远的路？”

妮可沉思了片刻后回答：“其实我不怎么回头看。”她承认道：“我只是一直盯着前方自己要走的路看。”

相信你会有种一语惊醒梦中人的感觉，就像她自己形容的那样，那一刻她好像醍醐灌顶，她发现自己的观念发生了转变。

从那以后，她开始写自己的“成功日志”，在一张简单的电子表格上记录自己的每一个小胜利。每一天，她至少会写下自己的一个进步或成果，无论多么微不足道。每天重复这个简单的动作，彻底改变了妮可，她不再为自己的进度忧心忡忡，而是不断提醒自己取得的进展。

要想创造自己热爱的生活，最关键的就是制订并执行我们的远大目标。它们是点燃我们内心的催化剂，令我们呼吸急促，使我们有动力做更多的事，并超越自我。它们给了我们努力拼搏的意义，是我们清晨从床上跳起来的原因。

这些远大目标如此重要，但它们同时也很危险。

你有没有注意到，在烈日炎炎、万里无云的日子里开车时，路的前方似乎有闪闪发亮的水珠？这种现象被称为“公路蜃景”（highway mirage），根据维基百科上的解释，它发生的原因是“对流导致空气的温度产生差异，接近地面的热空气层与上层密度大的冷空气层之间，形成了空气折射率梯度”。海市蜃楼最令人恼火的是，你只可远观，却无法真正到达。无论你开多久的车、行驶多远的距离，它们永远都远在天边。

可悲的是，我们的远大目标，有时让人觉得好像海市蜃楼——总是那么遥不可及。它们不但无法激励我们，反而变成了我们灰心丧气的根源，因为它们似乎让人望尘莫及。当我们恰好处于迷茫的中间阶段，眼前的事情做起来越来越艰难、痛苦和叫人紧张，我们会本能地感到灰心丧气，坚信自己将永远无法达成心愿。

你很容易陷入“中间地带”，它处于现在与想达到的终点中间。此刻你胸怀雄心壮志，肩上任务繁重，但你总是应接不暇。

如果把所有的时间都花在中间地带，我们永远会觉得自己一事无成，尽管事实上我们确实有所成就。所以每天花些时间回顾就变得相当重要，你需要庆祝自己的进步和成果，而不是一直展望未来，不断关注自己还没做的事。

有一个明确的目标固然很好，做一名目标导向型的人会有很强的优势，但是忽视自己已经完成的事和正在完成的事——尽管你尚未完成——会轻而易举地把自己击垮。

说到底，人生旅途不仅仅是为了最终的目的地，路途中的快乐才是你需要寻找的。做到这点的唯一办法，就是跳出中间地带。没错，你要敢于向前看，寻找任何可能性，然而同时你也不能忘记回顾过往，记录自己走过的点点滴滴。

改写剧本

不久前，我和朋友凯尔聊起写作的事，他说："我真心想花精力在自己的博客上，但每逢创作之前，我都会感受到强烈的不安全感。我五年级的老师说我不擅长写作，只要我坐下来写作，她的声音就会在我的耳边回荡，我想这就是一直以来导致我畏缩不前的原因。"

当时我立刻就发现了问题的症结，你是不是也发现了呢?

阻碍他发挥潜能的，是他的限制性观念。

当然，我的朋友凯尔并不是唯一一个因限制性观念而妨碍自己能力发挥的人。他也不是唯一一个内心有个小声音告诉他，他不能做成某件事的人。

我们每个人的耳边，都会响起这样的声音。

这个声音可能会告诉我们，我们不配申请加薪，或告诉我们，我们没有同事那么有天赋、富有智慧或能言善辩。这个声音或许会轻轻地对我们说，"你不是个好妈妈""你是个糟糕的主妇""你永远只会把事情搞得一团糟”，或“你的数学很烂”。这个声音也许会告诉我们，我们没法做到财务自由，或说我们不够聪明，没法取得成功。这个声音恐怕会告诉我们，我们太忙了，没时间追寻自己的远大目标和梦想，或者我们没空为自己阅读、学习或做自己想做的事。

这个声音兴许会警告我们不要尝试新事物，或做冒险的事，因为我们可能会失败；或许会警告我们不要主动寻求他人的帮助，因为我们可能会遭到拒绝。它大概会告诉我们，不要投入百分百的精力和努力追求我们的梦想，因为我们不确定周围人会如何评价我们。“假如他们不理解我怎么办？”这个声音轻轻地说，“如果他们取笑我怎么办？”

无论你听到的那个声音在说什么，也不管你的限制性观念是什么，我敢保证它们一定围绕在你左右。尽管我们无法阻止那些限制性观念的突然出现，也无法阻隔那些回荡在内心的低语，但我们可以选择取消对它们的关注！

我们的限制性观念之所以会对我们产生如此巨大的影响力，是因为我们没有意识到，我们内心听到的那个声音，并非完全基于现实，而是出于我们的恐惧。

我们把自己听到的信息——声音、想法、限制性观念——当作现实，而事实上，它们只不过是一个声音、一个想法或一个限制性观念。我们内心对自己说某件事是真的，并不意味着它就是真的。实际上，通常情况下——我敢说是大部分时候——它们根本不是真的。

它们纯粹只是一种想法。

但是，当确定了隐藏在限制性观念或内心的声音背后的是恐惧，当认出了限制性观念的真面目——只是一种阻碍我们前进的想法——我们就可以抛掉它施加在我们身上的压力，并最终超越它。那时候我们可以这么对自己说："我内心的那个声音是要告诉我，我的才智不足以令自己取得成功，但实际上这是因为我害怕犯错。但是，即使是聪明人也会犯错，这是他们学习的方式。"

这就是所谓的改写剧本。你明白，自我对话的信息，正不断地在你的脑中徘徊，它一刻不停地对你说，你不够好、不够聪明、不够漂亮，或者认为你永远不可能成功、永远安排不好自己的生活，或者劝你不必选择尝试。

这个剧本一直告诉你，你做不到。

如果想屏蔽这些信息，你就需要找到某种方法，用新的信息替换掉它。

想想看，如果现在在你脑中徘徊的自我对话，正叫你的大脑相信一些关于你的虚假信息，那么重新编码大脑的最佳方式，就是用新信息——一些真正真实的信息——替换掉原有的负面对话。

我们必须开始改变脑中徘徊的信息，使之不要过于自欺欺人。比如，对我的朋友凯尔来说，就需要去除他告诉自己不擅长写作的想法。如果凯尔每天，或者每天几次对自己说："我写得越多，我的写作水平就会越高。磨炼一门手艺需要大量的时间和练习，而我可以坚持不断练习下去。很久以前有一个人不喜欢我的文字，并不说明我的作品没有价值。

有很多人喜欢并欣赏我的文字，所以我还会继续写作，不断进步，让我的文字产生影响力。”你认为凯尔身上会发生怎样的变化？

这个过程可能需要花费一些时间，但他的大脑和潜意识，会慢慢接受这些新信息作为他的新真理，而告诉他自己不擅长写作的限制性观念会逐渐淡去。

不过请注意，这个新信息的内容不包含什么。它没有说：“我是世界上最出色的作家，我是一颗闪耀的巨星，没有人能比我写得好。”这样的信息不会引起共鸣，因为凯尔不会相信这是真的。

相反，新信息需要以此刻在脑海中徘徊的信息为基础，用更正面积极，但非常具体的方式重新定义。你需要诚实改写，这样才能重置你心中的真理，真正开始相信并认同这条新信息。

我敢保证，改写心中的剧本，你的人生观也会随之发生改变。

不断为自己加油

作为一个人，我们永远都需要鼓励。不管多少次听到人们说我们很聪明、能干、漂亮、勇敢，或其他正面的信息，我们仍然需要一次又一次地听这些。它们进入我们的耳朵没多久，我们就又把它们忘得一干二净。生活充满起伏、困难、压力，自我怀疑和所有的恐惧很快就会趁虚而入。突然之间，我们的自信心又开始消失了。

这就是为什么不断为自己加油是如此重要了。你不必限定自己阅读励志或自助类书籍的数量，不必限制自己阅读最爱的圣经经文或祷告的次数，不必规定自己收听励志类播客的数量，或参加活动或聚会的数量，因为在获得力量和激情、动力和灵感时，不管当时内心感到多么不可思议，它们最终都会消失殆尽。尽管如此，吸收的积极、催人奋进的信息越多，你就越有可能坚持下去。

你需要不断为自己加油。

在开车、锻炼或做家务时，养成收听播客的习惯（收听“Do It Scared”播客是一个很好的开始），给自己设定目标，每月至少阅读一本励志书，你也可以重复阅读自己喜爱的励志书。密切关注自己所在领域的活动或聚会，激发自己的活力，并接触一些志同道合的人。安排时间会见熟识的朋友和导师，也能从侧面激励和鼓励你。

保持活力积极工作，把鼓励和激励当作重中之重，这样你取得的进步就不会被遗忘。

练习自我关照

几年前，我做了一件过去从未做过的事——这件事要不是有我丈夫的提议和鼓励，我想我根本不会考虑。

我进行了一次个人静修。

整整4天，我什么都不做，只看书、写日记、徒步远行和登山、练瑜伽、悠闲地泡澡、躺在泳池边。我完全将工作抛诸脑后，全身心置身于这个世外桃源之中，我还睡觉，经常睡觉。

当我重返家庭——以及我的工作——时，我感到自己又恢复了精力，更富生机与活力。直到前去静修，我才发现自己几乎能量耗尽，但光是这4天，就足以让我惊叹不已。它强有力地提醒我—— 一个一向忙忙碌碌的人——有时候，休息是我们能做的最有成效的事。

实际上，自从那年以后，我变得格外警觉，每隔几个月就有意安排一些休息和个人静修。身为一名内向者，我花费大量时间从事外向型的工作，于是独处时间成为我恢复精力的唯一可靠办法。

然而几个月前，当我在社交媒体上发布了自己某次静修照片后，却惊讶地发现，有许许多多女性在下面评论说："这看起来不错，但我永远做不到。""哇哦，我真希望自己也能做一次静修，但这是不现实的。"

我想告诉你的是，这件事绝非不可能。你的"静修"，不必非得在五星级旅游度假村，有时候，周末我丈夫带孩子们去露营，我就会在家里度过美好的静修时光。而且，你的静修也不必是一个人！对我而言，独处时间能让我恢复元气，但对外向者来说，周末与朋友们相处，同样会令灵魂得到充盈。

问题的关键，不是具体做什么事来照顾好自己，而是你确确实实为自己腾出时间，且不会为此感到内疚。

因为事实是，花时间照顾自己对每个人都有益处。很明显，它会给你带来直接的好处——你能尽情地享受，在此刻做自己想做的事，你会感受到快乐，你的身心得到放松和愉悦。从长远角度来看，忽视自身需求带来的压力，对你的身体、思想和心灵，都会产生非常负面的影响。

当我们透支自己的健康，把身体搞得很累，就无法百分百地专注于任何人或事物。时不时给自己一些“私人独处时间”（me time），就好像使用泄气阀，释放所有积攒的压力。它不仅能为你提供能量、缓解疲劳，还能帮助你增强免疫力，让你变得更平静、友善，更能控制自己的情绪。

此外，花时间关照我们自己的身心健康，会使我们更有能力照顾生命中的其他人——我们的伴侣、孩子、朋友和其他家庭成员。与我们最亲近的人，往往首先需要忍受我们释放的压力，所以我们关照自己，他们也能从中受益。

虽然这么做会显得有些自私和放纵——尤其是如果你之前从未如此做过——但事实并非如此。记得飞机上佩戴氧气面罩的原则吗？在你试图帮助别人之前先为自己戴好氧气面罩，是最有效的处事策略，照顾好自己实际上是你能做的最不自私的事。

庆祝每一次胜利

是否鼓起勇气是你每天要做的决定——它需要你具有主观意愿，即使面对内心的恐惧；需要你坚持朝着目标奔跑，即使你不能肯定这条路将通向何方。

然而，就算你正朝自己的目标努力，也很容易忘记已经走过的路，所以在向前看的同时不忘回顾来路，对你来说非常重要。因此，请你记录一下你的每一次成功，你可以写日记记录值得感恩的事和每一个小进步，在努力过程中花些时间庆祝自己的胜利。书写一些新的自我对话剧本，用事实和真诚激励自己。关照好自己，让自己保持动力。

最后，请你记住，这本书不希望你被动生活，而是一本鼓励你在人生路上主动采取行动的书。如果你还没有准备好，我极力推荐你利用我们在doitscared.com网站上分享的资源和Do It Scared恐惧类型评估。在那里你还会找到不少帮助自己主动行动的工具，并且能申请相应课程。

你比你自己想象的要强大。你可以做到，同样你也可以做到带着恐惧前行。当你在面对任何情况时，都坚持不懈，那么你就离自己梦想的生活又近了一步。

行动中的勇气一览

1. 设定目标

如果没有瞄准的对象，你只会永远击中空无。明确你的远大目标，然后缩小你的聚焦范围，保持正确的方向。

2. 找到你的意义

你的意义必须比你的恐惧更强大，所以你必须搞明白，为什么这个目标对你而言如此重要，然后制造一个催化剂帮你保持动力。

3. 制订你的行动计划

把你的远大目标分解成易于管理的小块，每天都下定决心坚持到底，真正地靠近你的目标。

4. 找到你真正的朋友

在你的生活中寻找责任关系，积极主动地和那些会和你讲真话的人

致谢

如果没有如下列出的朋友们的帮助与指导，这本书不会有机会与读者们见面，感谢你们给我的生活、工作和这本书带来的影响。

查克，你是我的靠山、真爱，亦是我最好的朋友。谢谢你无论遇到怎样的情况，都支持我，为我呐喊助威。玛吉和安妮，我亲爱的女儿，我非常非常爱你们，我为你们俩感到骄傲。谢谢你们给我源源不断的创作灵感。你们令我保持谦卑好学，时刻提醒我什么才是最重要的东西。

我的坚强后援——劳拉、希瑟、杰森、娜塔莉、杰西卡、凯莉、克莉丝汀、艾玛、梅丽莎、阿曼达、玛吉、拉特里莎、艾希礼和丹尼。谢谢你们让我每天的工作都充满乐趣，谢谢你们全身心投入工作，支持我的疯狂想法，必要时会打断我，强迫我坐下来写作。

还有我敬爱的朋友们，无论新朋友还是老朋友，都雪中送炭般为我提供了责任感、鼓励和严厉的爱——艾莉莎、伊迪、邦妮、希瑟、劳拉、娜塔莉、凯特、苏西、格里、劳拉、詹娜、雪莉、比尔和温迪、丽莎、梅丽莎、瑞秋——我对你们每个人都充满感激！

“启动思想产品”（Launch Thought Productions）的格兰特以及你的整个团队，谢谢你们帮助我们筛选研究数据，并将之概念化，创建成恐惧原型评估体系。洛里，谢谢你的耐心与执着，我万分感谢能再次与你合作撰写另一本书！

查尔斯和梅格，谢谢你们一直将我们的书籍整理有序。邦德，谢谢你总是帮助我们达成目标。还要感谢“全周期营销”（Full Cycle Marketing），为我们这个Do It Scared项目付出无数努力。

感谢所有协助本书出版，并销往全球的朋友们——整个宗德凡团队，尤其是卡罗琳、艾丽西亚和德克；安德鲁·沃尔格茅斯（Andrew Wolgemuth），我的文学经纪人；以及艾希礼·伯纳迪（Ashley Bernardi），有史以来最棒的版权代理！

最后，同样要感谢博客读者、播客听众、计划的受访者，以及所有组成我们无与伦比的社区的精英博客学院的学员们。我喜欢看到你们带着恐惧前行，然后鼓励周围人也一起这么做，我们一起能够改变这个世界！